国家自然科学基金项目（52179015、51909092、518035711、51479063）、河南省重点研发与推广项目（212102110031）和华北水利水电大学高层次人才项目联合资助出版

控制灌排条件下水稻旱涝交替胁迫效应及生长模拟

高世凯　著

中国农业出版社
北　京

内容简介

本书主要介绍了南方地区水稻控制灌排技术相关理论，对控制灌排条件下水稻旱涝交替胁迫效应及生长模拟进行了研究。本书以农田水位作为灌排的调控指标，采用测坑试验、数据分析和数值模拟相结合的研究手段，探求了控制灌排条件下旱涝交替胁迫水稻生理生长响应机制及需水特性，构建了基于结构方程的旱涝交替胁迫水稻“需水量—光合量—产量”关系模型，建立了控制灌排条件下稻田土壤温度模拟模型，改进和完善了 GERES－Rice 作物生长模型，模拟分析了控制灌排水稻生长。全书将理论与技巧相结合，内容翔实，层次分明，具有较强的实用性。

本书可供从事或涉及灌溉排水的技术人员参考阅读，同时也适合高等院校相关专业的师生和科研人员在教学、生产和工作中查阅使用。

前　言

南方地区（秦岭—淮河一线以南）是我国主要的水稻生产区，水稻种植面积占全国种植面积的87.4%。水稻虽然生长在雨热同季的时节，但降雨的时程分布不均，灌溉排水措施仍然是保证水稻高产稳产的重要技术手段。在水稻生长期，旱季灌溉是补充稻田水分不足的重要措施，汛期排水乃是改善稻田水分状况的重要手段。过量灌溉加之汛期降雨，极易造成稻田排水，进而造成氮磷等营养物质流失，不仅降低了水分和肥料的利用效率，还导致了附近河流、湖泊和水库的调蓄压力增加和水体富营养化。由于水稻属于沼泽性作物，具有一定的耐淹特性，因而在主汛期通过稻田调蓄一定深度的雨水，既可以提高雨水利用率、节约灌溉水量，又可以滞蓄部分涝水、减轻地区洪涝的压力。稻田作为人工湿地，在施肥、治虫以及暴雨过后田面保持适宜水深并延续一段时间，可以达到节水控污的效果。因此，在水资源供需矛盾和水环境压力日益严峻的当下，充分利用雨水资源、减少农田排水、控制面源污染是南方稻作区高效灌排技术发展的重要方向。

水稻控制灌排综合考虑了节水灌溉与控制排水的协同效应，在保证水稻高产的前提下，保持甚至低于现有节水模式的灌水下限，适当增加雨后蓄水深度，可以达到水稻节水、减排、控污的目的。实施控制灌排时，稻田经常处在淹水和无水层的交替状态，涝渍胁迫与干旱胁迫往往交替发生。已有的关于水分胁迫对作物需水和生长影响的研究，多是针对单一受旱或受涝条件下开展的，而对旱涝交替胁迫情况下作物需水特性和生理生长响应的研究涉及较少。因此，迫切需要深入系统地研究控制灌排条件下水稻旱涝交替胁迫效应，制定节水、减排、高产水稻控制灌排策略。

在国家自然科学基金项目（52179015、51909092、518035711、51479063）、河南省重点研发与推广项目（212102110031）和华北水利水电大学高层次人才项目联合资助下，团队在河海大学南方地区高效灌排与农业水土环境教育部重点实验室系统开展了控制灌排条件下水稻旱涝交替胁迫效应及生长模拟研究，采用测坑试验、理论分析和数值模拟相结合的研究手段，探求了控制灌排条件下旱涝交替胁迫水稻生理生长响应机制及需水特性，构建了基于结构方程的旱涝交替胁迫水稻“需水量—光合量—产量”关系模型，研究了控制灌排条件下各生育阶段稻田土壤水分和温度变化规律，改进和完善了 GERES - Rice 作物生长模型，模拟分析了控制灌排条件下水稻生长，在以下几个方面取得了创新性成果：

（1）通过分析控制灌排条件下各生育阶段水稻生理生长指标、日需水量对旱涝交替胁迫环境的响应规律，揭示了旱涝交替胁迫水稻生理生长响应机制及需水特性，为控制灌排技术在实际生产中的应用提供理论基础。

（2）以作物源库理论为基础，分别构建了“源—库”“总需水量—冠层总光合量—群体质量及产量构成因子”“需水量—光合量—产量”关系结构方程模型，对控制灌排条件下旱涝交替胁迫水稻生理、生长及产量构成因子之间的复杂关系进行简便、清晰、合理的分析，为深入研究控制灌排条件下作物需水、生理生长、产量之间交互关系提供了一种科学的分析方法。

（3）改进和完善了 CERES - Rice 模型，能够较为准确地模拟控制灌排水稻生长及水分利用率，为预测控制灌排水稻生长以及优化控制灌排策略提供了技术参考。

本书由高世凯撰写并统稿，在编写过程中，从专业要求出发，力求加强基础理论、基本概念和基本技能等方面的阐述。华北水利水电大学汪顺生教授、葛建坤副教授、龚雪文副教授和河海大学俞双恩教授对本书进行了系统的审阅，提出了许多宝贵的修改意见，中国农业出版社编辑为本书的出版付出了辛勤的劳动，在此表达最诚挚的谢意。由于作者水平有限，书中难免存在不足之处，恳请读者批评指正。

目　　录

第一章 绪　论

1.1 研究背景及意义

水稻是近一半世界人口的基本食粮（徐镱钦和陆雅海，2016）。全球水稻常年栽培面积约为 $1.6\times10^8\text{hm}^2$，其中 90%的水稻产于亚洲（Haefele et al.，2014）。我国水稻常年栽培面积 $3.0\times10^7\text{hm}^2$，占总耕地面积的 30%左右，约占我国粮食总产量的 40%（国家统计局，2011；全瑞兰等，2015）。水稻是我国耗水量最大的作物，其灌溉用水量占农业用水量的 70%，大约消耗了全国总用水量的 50%（姚林等，2014；贾春梅，2015；陈志伟等，2015）。我国水资源相对短缺，人均水资源占有量约为 2 000m^3，为全世界 13 个贫水国家之一。随着人口增长和经济发展，农业可用水量逐年降低。据评估，我国人口总量在 2030 年将达到 15 亿人以上，粮食总量的需求相应达到接近 $7\times10^8\text{t}$，而用水总量需相应增加到 $7\times10^{11}\sim8\times10^{11}\text{m}^3$（程晓胜等，2013；王立祥，2015）。在我国水资源供需矛盾不断加剧的情况下，开展农田特别是稻田的节水研究与管理，已成为社会可持续发展的必然选择。2012 年，《国家农业节水纲要（2012—2020 年）》中提出，到 2020 年将我国农业灌溉水利用系数提高至 0.55，新增节水灌溉面积 2 亿 hm^2。2011 年，国务院正式批准实施的《全国水资源综合规划》中提出，到 2030 年将农田灌溉水有效利用系数提高到 0.6。由此可见，在人口增长、耕地减少以及水资源日益紧缺情况下，节水灌溉技术是稳定水稻种植面积和产量的重要途径，对于保障我国的粮食安全至关重要。

水稻是我国南方地区最主要的粮食作物，生育期内的降雨较多，排水量较大（Shao et al.，2015）。农田排水造成氮磷等营养物质流失，不仅降低了水分和肥料的利用效率，还导致了附近河流、湖泊和水库的水体富营养化（Gao et al.，2016）。然而，稻田具有人工湿地的功能，延长降雨和灌溉水层在田间的滞留时间，有利于提高水分利用率和净化水质（肖梦华等，2011）。控制排水技术起源于 20 世纪 70 年代一些欧美国家，其通过在农田排水出口设置水位控制装置来调控排水流量和排水强度，在减少水与肥料过量流失的同时也可以保证作物的正常生长（Wesström et al.，2001）。中国学者在国外的研究基础上，根据国内水稻的生长及需水特征，在主汛期增加稻田蓄水深度，既可以提高雨水利用率，又可以滞留部分洪水，从而达到节约灌溉用水量、减轻地区洪涝压力和防治污染等多重目的（俞双恩等，1995；郭相平等，2006；俞双恩等，2010）。因此，控制排水技术作为农田最佳生产管理措施之一被我国南方稻作区广泛采用。

近年来，干湿交替、间歇灌溉、控制灌溉等水稻节水灌溉技术逐渐替代传统的淹水灌溉。但现有的大部分节水灌溉技术，灌水下限较高，同时限制了雨后蓄水深度，以避免产生淹水胁迫（乔欣等，2011；Hu et al.，2012；Ye et al.，2013）。这些灌溉技术虽然保持了较高的产量，但也造成灌水量和排水量较大，雨水利用率未能明显提高。水稻控制灌排综合考虑了节水灌溉与控制排水的协同效应，在保证水稻产量的前提下，保持甚至低于现有节水模式的灌水下限，适当增加雨后蓄水深度，达到水稻节水、减排、控污、高产的目的（Shao et al.，2014，2015；Gao et al.，2016）。实施控制灌排时，稻田经常处在淹水和无水层的交替状态，涝渍胁迫与干旱胁迫往往交替发生。在旱涝交替胁迫条件下，水稻对旱与涝两种不同胁迫，可能呈现出相反的响应特征，即一种胁迫引起的生长发育性状的变化，可能减弱另外一种胁迫所导致的不利影响，表现出“补偿”的特征。补偿效应可理解为作物从一种水分胁迫转换到另外一种后或水分胁迫结束后，生理生化和农艺指标表现出有所恢复，但仍小于正常水平；超补偿效应可理解为作物从一种水分胁迫转换到另外一种后或水分胁迫结束后，生理生化和农艺指标表现出有所提高，即大于正常水平。旱胁迫和涝胁迫终究属于不同胁迫，旱（涝）胁迫引起的生理生长的变化特征，可能加重后期涝（旱）胁迫对水稻的抑制和破坏效应，呈现出“叠加”的特征。因此合理调控旱涝交替胁迫出现的生育阶段和时间顺序，可降低旱、涝胁迫的不利影响。

水稻生长期，由于稻田犁底层、耕作层的存在，一般稻田上层0.5m以内的土壤中总有一层弱透水层存在，使得稻田保水性好、渍水性强（王彦彦等，2012；张君等，2016）。降雨或灌溉发生时，稻田地下水位（弱透水层以上）迅速升至地表并在田面形成水层，当过深的田面淹水在水稻各生育阶段允许的耐淹历时内不能及时排出时，就会形成涝渍胁迫；随着稻田水分的消耗，田面水层不断下降，当田面水层消失后，稻田地下水位也逐渐降低，当稻田地下水位降低到一定深度时，上升的毛管水对水稻根层的土壤补给明显减少，土壤水分不能满足水稻根系吸水的需求，水稻因水分短缺而受到干旱胁迫（俞双恩等，2010）。因此，水稻的控制灌排问题，实际上是如何控制稻田地表水层深度和地下水位变化的问题，即农田水位调控的问题。农田水位是指灌溉或降雨后稻田维持的田面水层深度和无水层时稻田地下水位的埋深。如果将田间土壤表面作为竖轴的原点，农田水位在田面有水层时为正值，无水层时为负值（当地下水位与田间土壤表面齐平时，农田水位为0）。农田水位能够准确反映稻田的水分变化情况，以农田水位作为水稻旱涝的判别指标，比以往采用不同的指标来判断水稻旱涝情况统一性好，在田间尺度下，农田水位的空间变异性较小，且易于观测，便于操作，对于指导水稻的灌排实践更适用、方便。

因此，将节水灌溉与控制排水技术有机结合，以农田水位作为灌排的调控指标，探求控制灌排条件下旱涝交替胁迫水稻生理生长响应和需水特性，分析控制灌排条件下旱涝交替胁迫水稻需水、产量、生理生长之间的交互关系，改进和完善作物生长模型，使其能更好地模拟控制灌排水稻生长，对于合理制定节水、高产水稻控制灌排策略，指导南方水稻灌区的灌排实践，具有重要的科学理论价值和现实应用意义。

1.2 国内外研究进展

1.2.1 水稻控制灌排技术及调控指标

栽培稻是由生长在沼泽地中的野生稻培育驯化而成的（丁颖，1964；严文明，1982），经过漫长的水稻栽培演变过程，在环境影响和人工干预的双重作用下，培育的水稻品种变化万千，但其喜湿的特性始终未变，几千年来水稻都是在淹水的稻田中生长，因此，传统的水稻灌溉技术就是“淹水灌溉”。灌溉实践和研究表明，水稻虽然是喜水喜湿性作物，但并不预示着在全生育期内农田必须建立一定的水层深度，相反农田长期淹水不利于水稻高产稳产（肖梦华，2013）。另外，传统的淹水灌溉不仅浪费了大量的淡水资源，也造成了土壤养分及矿物质等的淋失。因此发展水稻节水灌溉技术意义重大。节水灌溉是以最低限度的灌水量获得最大的收益为目标，从而最大限度地节约和利用水资源。日本水稻节水灌溉技术多选择前期以“露”为主、中后期薄水灌溉相结合的原正灌溉法和覆膜旱作等技术（彭世彰和丁加丽，2004）。印度则主要采用水稻间歇灌溉技术（Khepar et al.，2000）。埃及则侧重于利用缩短水稻全生育期时长的方法达到节水目的（Oad and Azim，2002）。印度尼西亚主要针对水稻旱种节水技术开展了大量的研究，充分利用了降雨并节约了灌溉水（Belder et al.，2004）。欧美国家由于水稻种植面积小，关于水稻节水灌溉技术领域的研究主要集中在采用渠道防渗、微喷滴灌、管道灌溉、激光平地以及农田土壤墒情检测等先进技术方面，但这些工程措施和检测设备的造价昂贵、操作复杂，目前还很难在水稻生产中广泛应用（顾春梅和赵黎明，2012）。我国具有7 000多年的水稻栽培历史，作为全球栽培水稻最古老的国家，不仅是水稻培植的起源国家之一，也是全球水稻总产量最高的国家（李圆圆，2016）。在20世纪中期，农业专家在总结各地区农民的水稻高产种植经验的基础上，提出了“浅水勤灌，结合晒田”的灌溉技术，取得了明显的节水增产效果（俞双恩，2008）。20世纪70年代根据对水稻生理生长特性的研究，人们提出了“浅、晒、湿”的节水灌溉技术，其具体的实施策略为薄水插秧、浅水返青、分蘖前期湿润和分蘖后期晒田，这种节水灌溉技术有效减少了灌溉用水量，而且对水稻抗旱衰、高产稳产有明显作用，因此得到大面积的推广使用（高炳鼎，2017）。进入20世纪后期，工业、城镇及乡村生活用水迅速增加，水资源短缺问题也日益突出。因此，发展高效的节水型农业势在必行，节水灌溉也是水稻高产栽培的必然选择。目前各地区根据不同的自然环境条件和农民种植习惯，在理论研究与实践应用结合的基础上，总结提出多种水稻节水灌溉技术，并在各地区甚至全国范围内被广泛推广应用。

（1）水稻薄露灌溉

薄露灌溉是在稻田灌溉一层薄水，随后适时落干露田的灌水技术，其实质上就是对过去的“浅水勤灌”进行了具体量化（李建锋和杨永生，2004；郑世宗等，2005）。“薄”是指灌溉水层要薄，一般为20mm以下，“露”是指稻田地面表土要经常露出来，露田程度主要依据水稻不同生育阶段的水分需求而定。薄露灌溉技术是浙江省水稻灌溉专家通过对比分析连续多年的试验研究成果总结出来的，它改变了稻田长期维持一定水层的状态，明显降低了灌溉用水量，有效改善了水稻的生长环境，明显促进了水稻生长发育，可以获得节水增产的效果。

（2）水稻叶龄模式灌溉

水稻作为“节律型”生长作物，其叶片与根系生长、分蘖产生、节间增长以及稻穗分化的发育进程之间，呈现出有规律的同伸关系（凌启鸿等，1983；魏广彬，2011）。水稻叶龄模式灌溉技术是根据水稻不同叶龄期和抽穗期至成熟期的作物耗水规律，以叶龄进程为指标，调节器官协调生长为基础，产量形成为最终目标的节水高产灌溉方式（吴玉柏，1990；王娜和关键，2010）。水稻叶龄模式灌溉能够精确控制各次灌溉、排水、晒田的起止时间与强度，在不同生育阶段将农田水分维持在高产所需的适当范围。该灌溉技术既可以利用水分来有效地调控水稻生长发育与氮碳代谢，使其根据茎孽动态与叶色变化，按照叶龄模式引导的生长发育轨道进行，又能增加灌溉水利用率。水稻叶龄模式灌溉技术的核心是依据各部位器官的生长情况和叶龄来确定作物生育进程，从而制定节水高产的水肥运筹策略，为水稻种植制度化、规范化提供技术参考。

（3）水稻控制灌溉

控制灌溉是根据水稻需水特性和各生育阶段对水分短缺的敏感程度，充分利用水稻自身的调节机能与适应能力，从而进行适时适量的节水灌溉技术（黄乾，2005）。该技术在秧苗本田移植后的返青期农田维持约 30mm 浅水层，返青期后的各生育阶段以根层土壤含水量作为调控指标（灌水下限为土壤饱和含水量的 60％～80％，上限为田面 30mm 水层），控制灌水定额和灌水时间，从而调节水稻生理生长，较大幅度地降低水稻耗水量，达到节水高产的目的。控制灌溉改善了农田附近气候环境以及根系中水、肥、气、热状况，使稻田水分和养分更有利于水稻根系吸收，从而对水稻生长起着促进和控制作用，更有利于产量的形成。此外，合理精确的水分调控，降低了灌水频率和灌溉水量，促进了水稻根系生长，抑制了水稻地上部分的无效生长，增加了水肥利用率。李道西（2007）研究发现，在维持水稻高产的基础上，水稻控制灌溉模式较传统淹水灌溉模式具有明显的节水效果，并且能够降低稻田 CH_4 排放。彭世彰等（2004）研究发现，控制灌溉模式可以在保持水稻高产的同时，提高水稻水分利用率，降低农业面源污染。刘广明等（2007）对控制灌溉条件下水盐分动态进行了研究，发现水稻各生育期土壤含盐量均有不同程度降低。因此，经过长时间和多地区的试验和推广，已经证实水稻控制灌溉技术具有节能、节水、减排、控污、高产、抗倒伏以及抗病虫害等优点，基本可适用于各类水稻灌区。

（4）水稻非充分灌溉

随着水稻节水灌溉技术研究的深入，一些灌溉专家研究发现水稻对水分亏缺具有一定的适应和调节机制，这种机制可以提高水稻对旱胁迫环境的适应性，在一定程度的水分亏缺条件下也可以保持较高的水稻产量。基于这种水稻对于水分亏缺的适应和调节机制，武汉大学茆智院士（2002）提出了水稻非充分灌溉技术。该技术首先通过确定最优化灌溉策略，在不同生育阶段合理精确地分配有限的灌水资源，使水分亏缺造成的产量损失最小，从而获得较高的产量和效益。在非充分灌溉状态下，水稻将在一定生育阶段内受到不同程度的干旱胁迫，旱胁迫时机、时长及程度均会对水稻产量产生影响，且会引起水稻耗水量的变化。此外，水稻生长发育的不同生育阶段发生水分胁迫时，对产量的影响机理是不同的。通过对非充分灌溉技术多年研究发现（张明炷等，1994；赵正宜等，2000；姜心禄等，2004；郑秋玲，2004）：①稻田土壤含水量不低于饱和含水量的70%时，对水稻生产不会产生不利影响；②宜在水稻对水分的非敏感生育阶段，使稻田短期受轻旱甚至中旱，避免受重旱；③水稻在受到长期（两个生育阶段及以上）或短期的严重水分胁迫时，生理会受到一定程度的破坏，主要指标难以恢复，因此应避免多个生育阶段连续受旱。

（5）水稻旱育稀植技术

水稻旱育稀植技术是对农田水分管理有一定要求的水稻种植技术，其核心是旱育秧及稀植（王娜和关键，2010）。旱育秧是指水稻秧苗在接近旱田条件下生长培育出来。稀植是指插秧后每穴之间的根互不穿插，生育后期的叶片不封行，成熟期的稻穗搭行（刘汉学，1998）。旱育秧与其他育秧方法主要的差别是创造接近旱地条件的育秧环境。水稻旱育稀植技术具有节水、高产、省时、省工、省地、省钱等优点，在全国范围内被广泛推广应用，取得了明显的经济效益。

（6）水稻覆膜栽培技术

水稻覆膜栽培是根据水稻全生育期内地表无水层的农田水分管理要求，在农田地表覆盖厚度为5～7μm的透明塑料薄膜进行水稻种植生产的技术（金欣欣，2016）。地膜材料覆盖具有增温保墒的作用，可以解决水稻低温发育率低、秧苗死亡以及生长缓慢的问题。此外，在水资源短缺的地区进行水稻覆膜旱作，可以达到降低棵间蒸发和无效蒸腾的效果，较单独利用水稻旱作技术大大增加产量，节水增产效益明显。水稻覆膜栽培主要包括两种模式。①覆膜湿润栽培：采用提前育秧，在水稻二叶一心时期进行稻田插秧，插秧前对厢面地表进行覆膜，全生育期根系层水分维持在饱和土壤含水量附近，即农田厢面无水，而沟中有水（沈康荣等，1998；Qu et al.，2012）；②覆膜旱作栽培：水稻在分蘖中前期采用的农田水分管理方法与覆膜湿润栽培相同，随后利用间歇灌溉方式，即维持根系层水分不小于饱和土壤含水量的80%（Liu et al.，2013）。

水稻发生洪涝灾害时，由于四周水位顶托，稻田渗漏量几乎为零，所以渍害也伴随着发生。稻田排水是将田间过剩的地表水、地下水及土壤水排出，改善稻田的水、肥、气、热等关系，以确保作物的生长需要。由于传统排水系统工程在设计和建设时，主要任务是提高水稻产量，一般不考虑稻田排水产生的农业面源污染。此外，为了短时间内降低稻田地下水位，排水系统工程设计和建设往往过于保守，即设计建设容量过大（具体呈现为排水沟较深、断面较大），致使排水能力过剩，引起过量排水现象。这种排水系统工程增强了排水沟对水分和污染物的排泄能力，但也导致了稻田水分和养分流失加快，产生施肥量和灌溉用水量增加等不利影响。随着人们对节水减排的重视，利用工程措施对排水流量和排水频率进行调控的水稻控制排水技术逐渐引起关注，该技术就是在稻田排水出口处建设控制性建筑物，以现有布置的排水系统功能为基础，适时适量控制稻田排水输出，从而达到节水减排的目标。在平水年或枯水年，被抬升的稻田地下水位还可以为水稻提供水分，达到抗旱增产的明显效果（罗纨等，2013）。在20世纪前期，美国中西部农业区因春季经常发生涝渍问题，而夏秋季节又频发干旱，当地农业技术工作者采用了抬高排水出口来增加土壤水分在农田滞留时间，降低干旱对作物生理生长影响的控制排水措施（Wilson，2000）。但直至20世纪中后期，随着人们对农业非点源污染问题的关注，控制排水技术逐渐得到重视，并在美国东部率先推广应用，已成为一种环境友好型的农田水管理措施（Willardson et al.，1972）。当前，控制排水技术已经被美国东部以及中西部平原区农民广泛应用，对当地农业面源污染控制具有明显的效果。Evans等（1995）和Williams等（2015）研究发现，与传统排水方式相比，连续对农田实施控制排水措施可以使排水量大约降低30%，硝态氮（$NO_3^- - N$）降低约20%，而溶解磷大约可降低35%。Wesström等（2001）在瑞典西南部开展的控制排水田间试验研究表明，控制排水明显降低了排水中的氮磷负荷，氮流失的峰值与排水流量以及土壤矿质氮含量的峰值具有一致性。因此，在欧美发达国家，利用控制排水技术使农田排水量得到了有效控制和降低，农田水肥的利用率得到了明显提高。武汉大学灌溉排水专家张蔚榛院士和张瑜芳教授在20世纪末发表相关论文讨论了不同作物或相同作物在不同生育阶段的农田排水标准问题，并就不同作物生长以及排水输出量，提出以作物高产和高水肥利用率为设计目标的排水标准确定方法，为国内控制排水技术探索研究奠定了基础。近年来，国内对农田控制排水理论及试验研究不断深入，研究范围基本包括全国不同土质、不同气候以及不同种植作物。河海大学专家学者经过多年的研究，提出了水稻控制排水技术，扩展了农田控制排水对作物生理、生长、产量的影响及作物排水后效应，掌握了不同农田水位条件下稻田水肥的运移变化基本规律，建立了作物水位生产函数，提出了在作物节水、高产和控污减排条件下稻田除涝、降渍及涝渍兼治的排水标准（俞双恩等，2010）。水稻控制排水减少稻田氮磷损失的途径主要有控制排水流量和排水强度、控制降雨期间和雨后的排水时间以及雨水滞留在田间和排水沟中的时间。殷国玺等（2006）在南方稻田进行控制地表排水的试验结果发现，延缓排水时间减少了地面排水量，降低了水中颗粒营养物的含量，所控制田块的氮素流失降低了40%左右。因此，水稻控制排水对增加雨水利用率和降低污染物负荷具有特殊意义，不仅可增强农田拦蓄能力，增加农田尺度上的雨水利用率，而且还可以延长大尺度下灌区上下游之间降雨与径流之间的时间差，改变区域径流过程，使灌区下游地区利用回归水的概率增加，在区域尺度上提高雨水、回归水的资源化水平。

目前，在制定水稻节水灌溉制度时，研究者经常以农田水层深度（田面水层20～50mm）作为灌水或蓄水的上限调控指标，而以根层土壤含水量（根层土壤饱和含水量的50%～80%）作为灌水的下限调控指标。近年来，由于冠层温度和叶水势测量仪器广泛使用，也有部分学者研究采用冠层温度和叶水势来确定水稻灌溉指标。但在实际生产应用时发现，叶水势、冠层温度以及土壤含水量易受外部空间环境因素的影响，难以准确测定，因此对指导大尺度水稻节水灌溉实践困难较大。实际上，除了旱作水稻以外，稻田中的地下水位（浅层地下水）埋深较浅，当田面有水层时，地表水与浅层地下水相连；当田面无水层时，在水稻蒸发蒸腾的作用下，土壤水分不断降低，同时在水势梯度的作用下，浅层地下水不断补充到土壤水中，使得地下水位不断降低。在这种地下水位不断下降的阶段，地下水埋深与根层土壤含水量关系密切，当根层土壤水分不能满足水稻蒸腾蒸发需求时，就需要灌溉，此时在灌溉水的补给下，浅层地下水又上升到地面与地表水相连。因此，在进行水稻节水灌溉技术推广应用时，研究人员根据当地历年的观测资料建立农田地下水埋深与根层土壤含水量的关系，按照水稻各生育阶段土壤含水量下限指标，利用农田地下水埋深指导稻田灌溉，均取得良好的效果（俞双恩，2008）。稻田排涝标准通常以农作区发生一定强度或重现期的暴雨不成灾为目标，即当实际发生的暴雨不大于设计暴雨时，稻田的淹水深度和淹水历时不大于水稻正常生长允许的耐淹深度和耐淹历时，所以稻田除涝排水就是以水稻耐淹水深和耐淹历时为调控指标。水稻耐淹水深是指使水稻产量不发生明显降低的最大淹水深度，耐淹历时是指使水稻产量不发生明显降低的最长淹水时间（黄仕锋，2007）。水稻受淹的涝胁迫程度与水稻淹水时间和淹水深度的相关关系是：水稻淹水时间越长以及深度越深，水稻受到的涝胁迫程度越重，直到水稻死亡或者绝收。根据水稻耐淹水深和耐淹历时，稻作区一般采用 1～3d 暴雨后，稻田水层 3～5d 排至耐淹水深（朱建强等，2001）。水稻是喜水植物，可以在淹水条件下生长，但稻田长期淹水而田间渗漏量偏小会引起土壤通气不良，导致有害物质积累在土壤中，进而使水稻生长环境恶化，造成作物减产，这就是水稻渍害。因此，要求通过降低排水沟水位，使农田地下水位下降进行晒田或增大稻田渗漏量，以补充土壤水分和氧气，改良土壤通气状况，及时排出土壤有害物质，保证作物正常生长。王君等（2012）和 Shao 等（2014）研究发现，当稻田每天保持 2～4mm 的渗漏量，渍害对水稻产量影响不明显。水稻排涝通常以土壤含水量（仅在晒田期和收获期）、地下水埋深、地下水排水模数、地下水位降落速度等为调控指标。

1.2.2 旱涝胁迫对水稻生理生长影响

关于作物旱胁迫下的生理响应，国内外学者进行了大量的研究工作，对于作物响应机制已形成比较系统的体系。在不同旱胁迫条件下，水稻的叶水势、蒸腾速率（T_r）、气孔导度（G_s）、净光合速率（P_n）以及叶绿素荧光参数等生理指标对水分亏缺的响应不同（彭宇，2007）。吕金印等（2003）研究表明适度旱胁迫并不会带来 P_n 明显降低。胡继超等（2004）研究发现旱胁迫条件下 P_n 下降，尤其在辐射最强和蒸腾最旺盛的午后，作物 P_n 出现“午休”现象。林贤青等（2005）研究发现在一定的水分控制条件下，水稻的 P_n 和水分利用率超过淹水对照处理，而 T_r 则有所降低。气孔调节是旱胁迫下作物适应环境、抵抗干旱的机制之一。旱胁迫条件下作物通过关闭气孔来调节蒸腾作用，从而防止水分过度散失导致作物组织损伤。与此同时，作物自身的各种生理代谢功能均会受到气孔调节的作用。以前多认为旱胁迫条件下 P_n 下降主要是气孔关闭引起的，但是近年来的研究结果表明，旱胁迫下 P_n 下降的主要原因并非是由气孔关闭引起的，而是非气孔因素明显地限制了光合作用。也有研究认为气孔与非气孔因素之间没有明显的界线，两者同时存在，并且彼此之间相互影响；一般认为水分胁迫初期气孔因素一方面限制了胁迫的发展，降低了光合器官的胁迫强度，另一方面也诱发了非气孔因素的产生（张红萍和李明达，2010）。匡廷云（2004）研究认为，不同程度的旱胁迫引起的气孔与非气孔因素情况也不同，轻度旱胁迫下细胞代谢基本正常，气孔因素引起 P_n 下降，随着旱胁迫程度加重作物自身代谢被扰乱，非气孔因素成为 P_n 下降的主因，即轻度或中度旱胁迫时以气孔因素为主，重度胁迫时以非气孔因素为主。叶绿体是作物细胞进行光合作用的结构，其主要作用是进行光合作用。Mann 和 Wetzel（1999）发现旱胁迫下叶绿体活性降低与叶片光合速率降低紧密相关，重度旱胁迫下叶绿体变形且片层结构被严重破坏。关义新等（1995）研究发现，作物叶绿体在旱胁迫下出现膨胀，排列紊乱，基质片层模糊，光合器官的超微结构遭到破坏，从而导致光合作用下降。已有研究表明，提高光系统Ⅱ反应中心的光能转换效率、潜在活性和开放程度，可有效降低非辐射能量耗散，增加光合系统反应中心的稳定性，增强作物的光合能力。水稻生育后期光合能力增强有利于干物质的形成和积累，加快籽粒灌浆，增加结实率和千粒重，使水稻增产（郭相平等，2017）。水是作物生长的基本诉求，在所有的非生物胁迫中，旱胁迫对作物生长和产量的影响超过了其他胁迫的总和（Bohnert et al.，1995；Bray，1997）。长时间旱胁迫会导致水分亏缺，造成作物需水量得不到满足，从而影响作物生长发育。旱胁迫一般分为轻度、中度、重度 3 个等级，不同的胁迫等级对作物的生长发育和品质产生不同的影响（Griffiths and Parry，2002）。轻度旱胁迫对作物产生的影响最小，作物旱后复水产生的补偿效应在一定程度上能促进作物生长、提高作物产量、改善作物品质；中度旱胁迫对作物的水分状况、光合作用、代谢机能产生抑制作用，从而导致产量和品质下降；重度旱胁迫对作物生理生长产生不可逆的影响，最终使其生理生长严重受阻，产量大幅降低（Holmström，1997；刘展鹏和褚琳琳，2016）。旱胁迫在水稻不同生育阶段造成的影响不同，分蘖期旱胁迫会抑制水稻分蘖，导致水稻有效穗数的不足，最终使水稻产量下降；拔节孕穗期旱胁迫会影响水稻成穗，导致水稻籽粒质量下降，从而使每粒穗数和结实率下降，最终导致减产；抽穗开花期旱胁迫会使水稻根系生理活性下降，叶片早衰，籽粒增重受阻，产量受到影响（徐富贤等，2000；周广生等，2003；蔡昆争等，2008a）。段素梅等（2014）进行了水稻盆栽试验，利用张力计控制土壤水分，分析了分蘖期和拔节孕穗期水稻生理生长指标对不同旱胁迫的响应，结果表明，当土壤水势在－75kPa 持续 10d 时，水稻有效茎蘖数减少，株高生长受到抑制，叶水势降低。王成瑗等（2006）将水稻全生育期分为八个生育阶段，通过人工控制土壤水分的方式分别进行旱胁迫处理，研究了不同生育期阶段旱胁迫对水稻产量和品质的影响，结果表明：分蘖期旱胁迫对水稻有效穗数影响严重，从而造成产量降低；孕穗中期水稻对旱胁迫最为敏感，旱胁迫造成水稻功能叶变短，每穗粒数降低，干物质质量和经济产量下降；抽穗期旱胁迫造成叶片枯萎变黄，功能叶面积指数（*LAI*）降低；乳熟期和灌浆期旱胁迫造成水稻结实率、千粒重降低；蜡熟期旱胁迫造成水稻叶绿素含量、胶稠度、蛋白质含量降低。郝树荣等（2004，2005，2010）通过长期测坑试验研究了旱后复水对水稻生长的影响，研究结果表明，水稻生育前期适度旱胁迫，复水后产生的补偿效应能促进生育后期穗节的伸长，减缓生育后期叶片的衰老，提高生育后期光合效率，增加干物质积累。邵玺文等（2004）研究表明，水稻乳熟期旱胁迫对最终产量的影响最小。

涝渍胁迫作为非生物胁迫，会产生低氧、低光环境，限制作物的光合作用与呼吸作用，引起植物的生理、生长以及代谢过程发生变化（Irfan et al.，2010）。目前，关于涝渍胁迫对水稻生理的影响研究较少。黄璜（1998）研究发现，早稻成熟期深灌不影响植株个体和群体的光合作用，也对光合作用的环境无明显影响。罗昊文等（2017）研究发现，涝渍胁迫会导致水稻秧苗的光合作用受到抑制，干物质积累量降低。水稻对涝渍胁迫的适应性要大于干旱胁迫，但长时间的淹水状况会造成低光环境，使得气体扩散受到限制，光合作用减弱，叶片失绿变黄，分蘖数减少。而且随着淹水历时的增加，造成的不利影响增大，水稻将出现严重减产甚至植株死亡。此外，长时间的淹水状态会改变土壤的环境状况，引起次生胁迫发生，影响植株生长（Hirano et al.，1995；Van et al.，2001；Thomas，2005；Colmer and Pedersen，2008）。李绍清等（2000）发现水稻乳熟期涝胁迫后，稻穗上生长较好的穗粒受抑制的程度大于生长较差的穗粒，从而导致生长较好的穗粒数目变少，生长较差的穗粒数目变多，进而导致千粒重下降引起减产。宁金花等（2014）研究发现，拔节孕穗期是水稻对外界环境的反应最敏感的时期，该时期受涝会使水稻小穗不生长、花粉发育受阻、幼穗颖花与枝梗严重退化，从而导致水稻植株内的营养发生转移，产生大量高位分蘖，使水稻齐穗受到影响。王振省等（2014）通过盆栽试验研究发现水稻分蘖期在淹腰、没颈、全淹条件下，随着淹水历时的增加，水稻的不定根数、最长根长、根直径和根体积下降越明显。王矿等（2015，2016a）通过田间试验研究发现，水稻拔节孕穗期在半淹条件下对水稻株高的影响不明显，而在没顶淹水条件下水稻株高增长加快，并且其增长速度随着淹水深度的增加而加快。

1.2.3 不同灌排条件下水稻需水规律

“有收无收在于水，收多收少在于肥”。民间的俗语准确地说明了土壤水分在作物种植中的作用。通常作物体内含水量在60%～80%，瓜果类含水量甚至可以达到90%以上，因此，水分是作物体内运输养分的载体，更是农作物生长发育的关键因素（李玥等，2017）。在涝渍条件下，土壤含水量过高，达到饱和含水量，土壤孔隙完全被水分占据，土壤通气性变差，供根系呼吸的氧气大大减少，二氧化碳含量会升至很高，必定会影响水稻的代谢功能和根系的呼吸。已有研究表明水稻在长期淹水、氧气缺乏的稻田中多出现活性弱的黄根，甚至产生很多黑根，而在水、气较充足的稻田中则能生长出一些活性强的白根；土壤水分状况可以对作物茎叶的生长产生明显影响，其中土壤水分亏缺往往会导致茎叶生长慢，而水分过多会引起作物茎秆生长加快，后期容易出现倒伏（Sharma and Ghosh，1999；吕桂英，2007；Shao et al.，2015）。在旱胁迫条件下土壤含水量降低，土壤中可被吸收利用的有效水分短缺，导致水稻正常蒸腾和生长发育所需的水分得不到满足，甚至当土壤含水量降至凋萎系数以下，水稻会因为吸收不到水分而萎蔫死亡（梁满中等，2000；Serraj et al.，2011）。水稻需水量又被称为水稻腾发量，是稻田水分平衡的重要构成部分，又是水循环研究的关键环节，主要包含棵间蒸发和植株蒸腾。植株蒸腾是把作物体内的液态水转化为气态水的过程，即指植株利用其根系把根层土壤中的水分吸收到体内，再通过作物叶片气孔散发到附近空气中的现象。作物的根系吸入体内的99%以上水分是要被蒸腾作用消耗掉，只有不到1%的水分被作物吸收利用，最终成为植株自身体内的一部分。棵间蒸发主要是指在一定面积的农田上，植株之间的土壤蒸发（于靖，2013）。目前，关于计算水稻需水量方面的研究很多都是建立在充分灌溉条件下的，并且有多种计算方法。由于水面蒸发量的数据比较容易取得且计算简便，我国大部分水稻种植地区以前通常采用把产量作为固定参数的需水系数法（又叫 K 值法）与把水面蒸发作为固定参数的需水系数法（又称为蒸发皿法或 α 值法）。但水稻每个生育阶段的模比系数 K 与需水系数 α 都会不同，而且年际之间也不尽相同，如果只简单的通过该系数的平均值进行计算获得，常常会导致最终结果不精确。因此现在经常首先计算获取参照作物的需水量，再乘以其相对应的作物系数，最后求出作物的实际需水量，该求取过程理论上相对比较精确，其中被大家应用最多的是彭曼—蒙特斯（Penman-Monteith）公式（康绍忠等，1991；韩伟锋等，2008）。

彭世彰和索丽生（2004）基于彭曼—蒙特斯公式，考虑土壤水分调控所产生的作物生长滞后效应与补偿生长效应，通过引入土壤水分修正系数，对节水灌溉条件下作物需水量的理论计算模型进行了研究。除此之外，还有 *LAI* 法、积温法、辐射法等计算水稻需水量的方法。

目前，国外在作物需水量规律性分析方面，开展了许多有益的工作，促进了节水灌溉农业的发展。大量的试验资料表明，节水灌溉技术的推广实施对水稻需水量产生了影响。Ahmad 等（2008）通过半干旱地区田间试验研究水稻在不同灌溉和种植密度条件下水分利用率及辐射利用率，综合考虑需水量、干物质积累量、产量等，发现合理的节水灌溉比传统淹水灌溉方式要好。Rashid 等（2009）对德国稻作区进行试验研究，发现传统淹水灌溉方式导致了大量的水资源浪费，其中一半的耗水量被田间渗漏掉，在对该稻作区采用控制灌溉和水分胁迫后，有效地减少了水稻耗水量，提高了水分利用率。Moratiel 和 Martinez-Cob（2013）研究发现在喷灌条件下的水稻需水量为 750～800mm，平均日需水量为 4.5～6.1mm。R. Alberto 等（2011）研究发现传统淹水灌溉条件下水稻平均日需水量为 4.3mm，而旱作水稻为 3.8mm。国内关于水稻需水量及其变化规律的研究成果较多，相继得出了不同灌溉处理的水稻需水量变化规律。纪明喜等（1994）分析了不同水分调节对水稻需水量及产量造成的不同影响，研究结果表明，在保证水稻产量不受明显影响的前提下，采用适宜的灌溉方式和施肥水平可以有效减少水稻需水量，明显提高灌溉水利用率。李远华等（1994）采用田间灌溉试验的方法，分析了充分灌溉与非充分灌溉条件下水稻需水及生长响应，得到了不同水分调节对水稻需水量的主要影响因素，并发现水稻在遭受水分胁迫时，气象因子、*LAI*、G_s、水分胁迫程度与历时均对需水量产生了重要影响。汤广民（2001）开展了不同水分条件下水稻旱作田间试验，掌握了旱作水稻在各生育阶段的需水特性和规律，分析了土壤水分、需水量与最终产量之间的相互关系，明确了旱作水稻在各生育阶段受旱的水分敏感系数与生产函数。刘广明等（2005）通过对宁夏引黄灌区水稻的田间试验，研究了控制灌溉条件下水稻需水规律及水分利用率，发现拔节孕穗期和抽穗开花期是水稻生长发育过程中最关键需水期。董淑喜和徐淑琴（2008）研究了在不同程度水分胁迫条件下水稻各生育阶段需水特性及产量，发现水分胁迫时间越长、强度越大，对水稻需水量和产量影响就越大。朱士江等（2009）采用测筒与田间试验相结合的方法，分析了传统淹灌、浅湿灌溉和控制灌溉条件下的寒区水稻需水特性与水分利用效率，发现控制灌溉节水效果最好，其次是浅湿灌溉，传统淹灌耗水量最大。蔡亮（2010）通过研究在灌水阈值为饱和含水量的60%～70%的条件下进行连续水分胁迫的水稻各生育阶段需水量及产量变化，得到了水稻不同生育阶段的水分敏感性，因此只要合理分配有限灌水量，保障敏感生育阶段的灌水量，控制非敏感生育阶段的灌水量，就可以有效降低灌水量，从而明显提高水稻的水分利用率。时光宇和吴云山（2011）通过田间试验对水稻各生育阶段需水量与产量进行了研究，发现气象因子是影响水稻需水量与产量的主要因素。曲世勇和郭丽娜（2012）系统分析了水稻从播种到灌浆结实各生育阶段的需水规律及相应的水分管理技术，为优化水稻灌溉制度提供了科学依据。

1.2.4 土壤温度变化规律和作物生长模型

水稻具有喜温好湿的特性，水层温度的波动变化会对水稻生长发育产生直接影响，探寻水、气温度的变化规律，以便达到“以水调热”，改善水稻的生长环境。水分、土壤、植物三者之间具有密切的关系，种植水稻不仅需要合适的水分，而且还需要合适的水温和地温。土壤热状况变化会对农业生产的各个方面产生影响，如种子发芽、水分蒸发、热量传输等。土壤温度是表征土壤热状况变化的主要参数，其变化规律可以反映土壤热状况变化特征，所以掌握土壤温度变化规律，对调节土壤热状况、提高土壤肥力、满足水稻对土壤温度的要求具有十分重要的意义。一般土壤湿度越大，土壤热容量越大，温度变化幅度越小。当土壤含水量增加到一定临界值以前，导热率和导温率均随土壤含水量增加而增大。目前，已有许多学者对不同环境条件下的土壤温度变化进行了研究。Wu等（2017）研究了不同覆膜形式下的玉米生长，发现较高的土壤温度有利于玉米生产。谢夏玲和赵元忠（2008）通过开展田间膜下滴灌试验研究，发现土壤温度变化幅度与土层垂向深度成指数关系，且各层土壤温度均随灌水量的增大而减小。陈丽娟等（2008）根据膜上灌春小麦田间试验，分析得出不同土壤水分条件下土壤温度的变化差异明显，覆膜重度水分亏缺土壤温度比露地丰水土壤温度高。王铁良等（2009）研究发现在不同灌溉条件下，土壤温度随着土层垂向深度的增加逐渐降低。上述研究主要侧重于对旱作物农田土壤温度变化规律的分析，而对稻田土壤温度的变化规律研究较少。

降雨、灌溉、温度、土壤肥力及栽培管理等众多因素影响和制约着农作物的生长发育。传统农业由于不适宜的灌溉、施肥和管理造成水肥利用率低，经济收入不理想和严重的农业面源污染。近年来，作物生长模型已逐步成为一个十分实用的科研工具，它可以综合气象、土壤、水肥以及田间管理等因素来预测产量，并且可以应用于灌排策略制定优化、决策分析以及水肥耦合与环境变化对农业生产影响等方面（郑珍等，2016）。20世纪中期以前，作物生长研究完全依靠实验室与农田试验研究。然而，随着研究的越来越深入以及各种交叉学科的发展与完善，实验室与农田试验研究方法逐渐呈现其局限性和耗时性，由于土壤环境和气候条件的时空变异性，在基于某种特定条件下的试验研究成果通常不具有普遍适用性，因此也不易广泛的推广应用（Van Ittersum et al.，2002；El-Sharkawy，2011）。作物生长模型将作物、环境与农艺措施作为一个整体系统，采用系统分析的原理和方法，应用许多农学、气象学、环境学、土壤学、生态学、园艺学、作物生理学以及遗传学等学科的理论与实践成果，对光合作用、干物质积累、作物生长发育和产量形成过程及其与气候环境和技术的相关关系进行数量分析和理论概括，构建相应的数学模型，通过计算机技术将作物与生态环境因子联通起来，可以动态定量化地研究和模拟分析作物生长发育过程（周丽丽，2015）。作物生长模型能够较为准确地模拟作物生长发育、干物质积累以及产量形成过程，可以得出作物生长发育受水分、养分、温度、光合辐射等的影响程度，具有方法简便、易于推广、通用性强等优点（戴明宏等，2008）。作物生长模型是计算机技术在农业生产中应用的一个非常重要的方面，它将数据库与农业信息管理系统连接起来，形成农业决策支持系统，可以指导田间生产管理。20世纪后期，国际上农业专家逐渐提出了“数字农业”的概念，表明21世纪的农业将朝着数字化特征的方向发展（高亮之，2003）。数字农业的基础主要是相关数学模型，因此随着数字农业受到越来越多的专家学者重视，模型的研究也逐渐受到广泛关注。此外，在农业生产过程中，在作物收获前根据相关生长环境来预测产量，对于确定适宜的农田生产管理措施是十分必要的，为了获得较为精确地结果，必须全面的定量化分析产量的主要影响因素。在很多情景下，量化的说明作物产量影响过程只能利用作物模拟模型来完成。

50多年来，世界上许多国家都开展了作物生长模型研究，但由于研究的目的不同，开发了多种类型的作物模型。荷兰的作物生长模型研究侧重于作物生长过程的机理变化，De Wit和Brouwer于1971年首次提出了一个有关模拟作物生长的初级模型ELCROS，此后在该模型的基础上逐渐扩展为BACROS、SUCROS、MACROS、WOFOST和SWACROP等作物模型（Penning et al.，

1989；Pohlert，2004）。20世纪后期，由于生产上的需要，荷兰瓦格宁根大学（WUCR）与国际水稻研究所（IRRI）联合开发了一种主要面向于模拟热带地区水稻生长的ORYZA模型。近年来，相关专家学者对最初构建的水分平衡模型ORYZA-W、灌溉水稻潜力模型ORYZA1以及水稻氮行为模型ORYZA-N等进行完善扩展后逐渐形成了最新版本ORYZA2000模型（Bouman and van Laar，2006）。ORYZA2000模型虽然对水稻生长和产量的模拟结果较好，但需要输入的原始参数较多，不利于大面积推广应用。另外，采用ORYZA2000模型不能有效研究分析气候、温度、土壤、水肥管理对生态环境和作物产量的影响并进行相关的经济效益分析与风险预测，在节水灌溉条件下模拟水稻生长以及探寻最优的农艺措施和水肥管理模式等方面也具有一定的局限性（马雯雯，2016）。在瓦格宁根大学有关作物生长模拟研究成果的基础上，针对黄土高原水土流失与农业作物种植问题，中国科学院地理科学与资源研究所联合加拿大多伦多大学开发了可应用于研究干旱地区脆弱生态条件下的作物产量和气象因子、种植方式以及水土保持措施之间相关关系的YIELD模型（徐勇等，2005）。YIELD模型最初设计开发时也考虑了水稻生长模拟，且已被应用于评测水稻产量及其与各生长参数关系的区域性研究（Jensen，1974；Hayes et al.，1982；李忠武等，2002），但是实际将其广泛应用于大尺度水稻生产研究的较少。另外，该模型主要偏重于考虑作物最大潜在产量与水分供给之间的关系，而对于产量与土壤养分、温度及理化性质的关系涉及不多，导致预测产量与实际产量之间的误差较大（叶芳毅等，2009）。与欧美发达国家相比，由于起步晚、规模小、研究力量薄弱等因素的限制，我国作物生长模型相关成果较少。目前，有影响且得到推广应用的主要是作物计算机模拟优化决策系统（CCSODW）系列模型，其子模型RCSODS将水稻模拟技术、栽培优化原理以及专家经验相互结合，可以对不同水分及不同品种下水稻进行生长模拟，为制定不同地质及不同气候条件下水稻高产栽培措施提出决策建议（王仰仁，2004）。但RCSODS模型在风险预测以及土壤水肥管理决策方面仍只以知识型或定性描述为主，缺少与机理性模型的结合。

由于全球各个地区专家学者对作物模型开展了广泛研究，设计开发了许多构成原理、上手难度、输入参数以及输入格式差异较大的模型，对模型的推广应用产生了不利影响，针对这一问题，在农业技术转移国际基准网资助下，由夏威夷州立大学主持开发研制综合计算机系统，解决各模型的标准化问题，并发展成为一种易于推广应用的农业技术转移决策支持系统（DSSAT）。DSSAT开发的主要目的一方面是各种作物模型汇总集成，另一方面是统一输入和输出变量格式，以便于模型的普及应用。在过去的30年间，DSSAT系统已在不同国家和地区得到广泛的应用，并获得了较好的效果，它整合了大量作物模型，如CERES、CROPSM、SUBSTOR和CROPGRO模型。DSSAT中的CERES-Rice模型具有系统性、预测性、简洁性、实用性等特点，通过许多较为简单的函数关系来呈现水稻的生长、干物质积累以及产量形成过程，可以较好模拟不同天气、土壤水分、氮素动态、遗传特性对水稻生长发育和产量的影响（Mahmood，1998；罗霄等，2009；Basso et al.，2016）。CERES-Rice模型在全世界不同地区进行了验证与应用分析。泰国学者Cheyglinted等（2001）研究发现不同氮素条件下地上部干重模拟值与实测值的相对百分比误差在20%之内。印度学者Sarkar和Kar（2008）对不同氮素以及小麦秸秆残留条件下水稻进行生长模拟，发现直播和移栽产量模拟值和实测值均方根误差分别为64kg·hm^{-2}和132kg·hm^{-2}。Amiri等（2013）研究发现不同水分以及氮素条件下水稻产量模拟值和实测值的相对均方根差在10%之内。Xiong等（2008）通过对中国500多个试验站水稻生长进行模拟研究，发现水稻产量模拟值和实测值的均方根误差为1 500kg·hm^{-2}左右。总之，经过30年的发展，CERES-Rice模型具有了较大的灵活性和更强的功能性，能较好地模拟传统淹水灌溉水稻生长发育和预测收获产量、分析机理、评估效应等，并且通过计算分析可向决策者提供田间管理建议，如作物适宜的播种期、施肥量和灌溉方法等，拟选定用于控制灌排水稻生长模拟。

1.3 存在的问题

综上所述，国内外针对不同灌排模式下水稻需水与生理生长变化规律以及作物生长模型进行了大量研究，并积累了大量有价值的研究成果，但仍存在以下问题：①单一旱、涝胁迫水稻生理生长响应与控制灌排条件下旱涝交替胁迫水稻生理生长响应差异较大，其成果难以指导水稻控制灌排实践。②目前控制灌排条件下旱涝交替胁迫水稻需水特性尚未被深入研究。③目前的CERES-Rice模型主要适用于传统淹水灌溉水稻的生长发育模拟，对控制灌排水稻是否适用尚未被验证。

1.4 研究内容及技术路线

1.4.1 主要研究内容

本书以农田水位作为调控指标，采用测坑试验、数据分析以及数值模拟等手段，对控制灌排条件下水稻旱涝交替胁迫效应及生长模拟进行研究，主要研究内容如下：

（1）控制灌排条件下旱涝交替胁迫水稻生理生长响应机制

通过分析控制灌排条件下旱涝交替胁迫水稻不同生育期生理生长指标的变化规律，探求控制灌排条件下旱涝交替胁迫水稻生理生长响应机制。

（2）控制灌排条件下旱涝交替胁迫水稻需水特性

分析控制灌排条件下不同生育期土壤含水量变化，建立各层土壤含水量随农田水位变化的拟合方程；通过分析控制灌排条件下旱涝交替胁迫不同生育期水稻需水的动态响应，探寻旱涝交替胁迫水稻需水特性。

（3）控制灌排条件下旱涝交替胁迫水稻需水量、产量、生理生长之间关系

以源库理论为基础，基于结构方程模型，综合分析水稻需水量、产量、生理生长之间的交互关系。

（4）改进和完善 CERES - Rice 模型，模拟控制灌排水稻生长及水分利用率

分析控制灌排条件下土壤温度变化，借鉴现有的土壤温度模拟研究成果，构建控制灌排稻田土壤温度模拟模型。基于建立的土壤温度模型对原 CERES - Rice 模型中的积温模拟子模块改进，使其能较为合理可靠地用于模拟控制灌排水稻的生长、产量以及水分利用率。

1.4.2 拟解决的关键问题

（1）揭示控制灌排条件下旱涝交替水稻生理生长响应机制及需水特性，明确控制灌排条件下旱涝交替水稻需水量、产量、生理生长之间的关系。

（2）改进和完善 CERES - Rice 模型，使模型适用于研究控制灌排水稻生长、产量以及水分利用率。

1.4.3 研究技术路线

广泛查阅国内外有关文献资料，在充分掌握水稻节水灌溉和控制排水水稻生理生长机理的基础上，采用蒸渗测坑控制试验、室内数据分析以及数值分析

相结合的方法进行研究，技术路线见图 1.1。

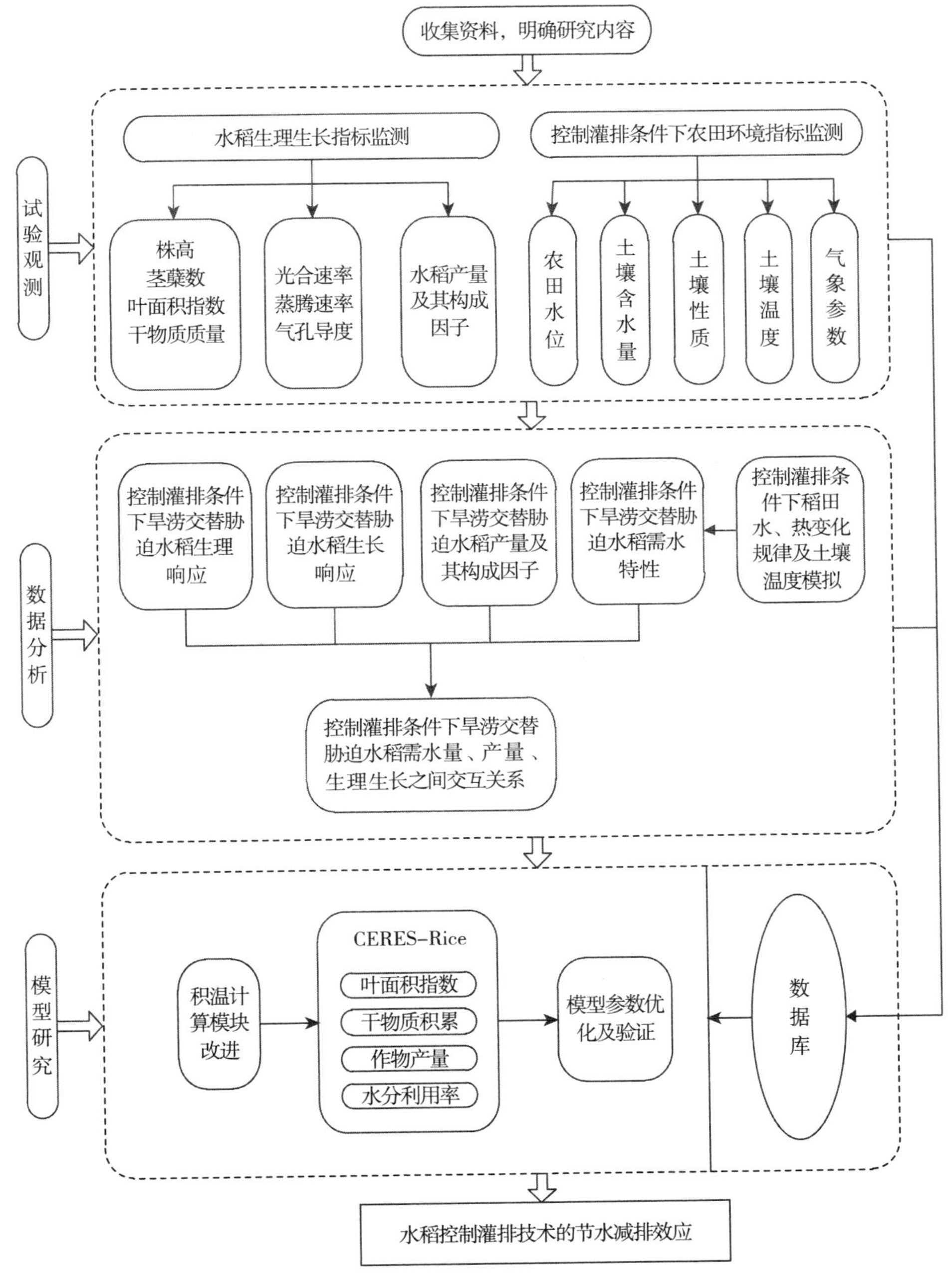

图 1.1　技术路线图

第二章　试验材料与方法

2.1　试验区概况

试验于 2015 年 5 月至 2017 年 10 月在河海大学南方地区高效灌排与农业水土环境教育部重点实验室的节水园区内进行。试验地点位于江苏省南京市江宁区佛城西路 8 号河海大学江宁校区内，地理坐标东经 118°48′，北纬 31°54′。试验区属于亚热带季风气候，多年平均降雨天数为 120d，多年平均降水量 1 072.9mm，降雨多集中于 5 月到 9 月，占到全年降水量的 60%。该地区多年平均日照时间为 2 017.2h，多年平均无霜期为 224d，年最高气温 40.4℃，年最低气温－13.3℃，年平均气温 15.7℃，最大平均湿度为 81%。土壤基本物理性质见表 2.1。

表 2.1　土壤基本物理性质

土层深度（cm）	容重（$g \cdot cm^{-3}$）	总孔隙率（%）	田间持水量（质量）（%）	饱和含水量（质量）（%）	土壤粒径（%）		
					砂粒（2.0～0.02mm）	粉粒（0.02～0.002mm）	黏粒（<0.02mm）
0～20	1.36	50.81	29.43	36.23	40.21	38.22	21.57
20～40	1.40	50.02	28.23	34.50	39.12	39.16	21.72
40～60	1.43	49.57	27.01	33.42	38.87	39.85	20.86

试验区蒸渗测坑尺寸标准为长×宽×深＝2.5m×2.0m×2.0m，地面装配有自动灌水的控制设备，地下设计和建设有走廊、设备间以及水柱，其中水柱可通过自动化设施实现对测坑农田水位的控制。测坑外部设有感应式大型电动雨棚，雨棚由高质量透明性阳光板覆盖，见图 2.1。试验区的气象数据来自安装在距离测坑 200m 的自动气象站，可观测风向、风速、降水量、蒸发量、空气温度、太阳辐射等指标。

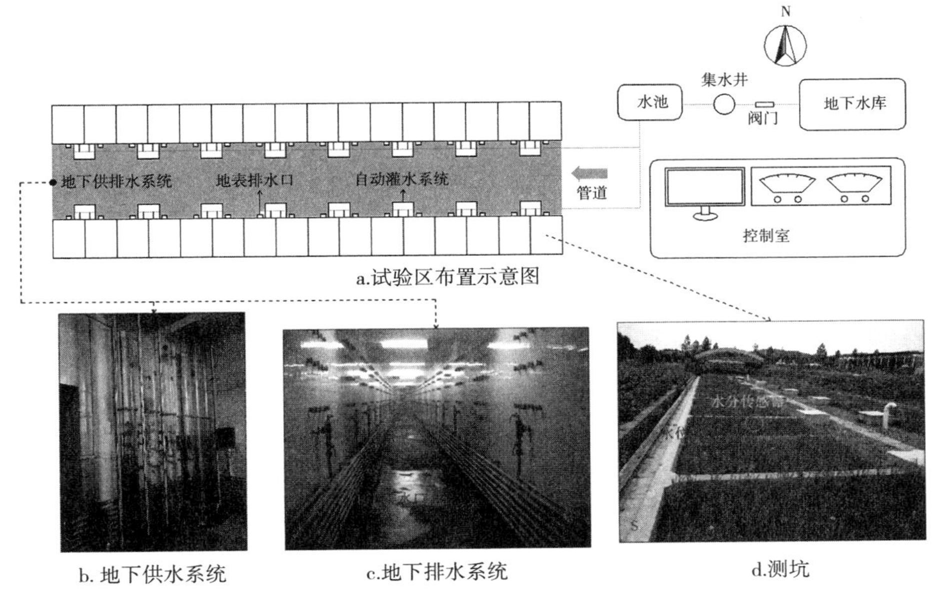

图 2.1　试验区布置图

2.2　试验设计与田间管理

2.2.1　试验品种及其特性

试验水稻品种为南粳 9108，该品种分蘖力较强，株型紧密，长势较旺盛，茎秆强壮，叶色嫩绿，叶姿较挺拔，株叶夹角小，抗倒性强，抗病虫害性较好。根据大区试验资料统计，每亩* 有效穗数 21.2 万，穗实粒数 125.5 粒，结实率 94.2%，千粒重 26.4g，株高 96.4cm，全生育期 153d。米质理化指标根据农业农村部食品质量检测中心 2012 年检测：整精米率 71.4%，垩白粒率 10.0%，垩白度 3.1%，胶稠度 90mm，直链淀粉含量 14.5%，属半糯类型，为优质食味品种。

2.2.2　试验设计与处理

考虑南方地区水稻生长特点及气候条件，根据前人研究成果（俞双恩和张

* 亩为非法定计量单位，1 亩≈667m^2。

展羽，2002；俞双恩，2008；郭相平等，2009；俞双恩等，2010）和相关水稻灌排规范（农田排水工程技术规范，2013；江苏省水稻节水灌溉技术规范，2016），不同旱涝交替胁迫处理控制水位标准见表2.2。水稻全生育期分为返青期、分蘖期、拔节孕穗期、抽穗开花期、乳熟期、黄熟期六个生育阶段。返青期是一个恢复生长的过程，生理指标难以测量，黄熟期对水分变化的反应不明显，故这两个生育期不做试验观测。为此，本次试验主要在分蘖期、拔节孕穗期、抽穗开花期和乳熟期4个生育阶段进行试验测定。先旱后涝（HZL）各处理，控水期开始排干田面水层，水稻耗水使地下水位下降，直到地下水埋深达到设定的下限值后立即用自动灌溉系统灌水至淹水上限，让其自然消退，先旱后涝胁迫过程结束后，按照对照（CK）处理的水分条件进行控制灌排；先涝后旱（LZH）各处理，控水开始当天灌水至淹水上限，然后让其自然消退，淹水5d后将田面水层排尽，自然耗水直至水位达到旱胁迫下限，再灌水至该生育期灌水适宜上限，先涝后旱胁迫过程结束后，按照CK处理的水分条件进行控制灌排；控水期间，降雨时关闭雨棚。各处理田面有水层时，应保持2mm/d的田间渗漏量，田面无水层时，禁止地下排水。共计15个处理，每个处理2个重复。表2.2主要是为了探究控制灌排条件下水稻旱涝交替胁迫效应，各处理农田水位主要是发生在极限情况下（出现大暴雨）的稻田水位，但目前控制灌排推广应用的降雨后蓄水上限为6～15cm，灌水下限为－30～－20cm（郭相平等，2015；朱成立等，2016；俞双恩等，2018），因此，为探究目前控制灌排技术的节水减排效应，将控制灌排分为轻涝和中涝两种处理，控制水位标准见表2.3。

表2.2　2015—2017年旱涝交替胁迫处理水位控制标准

单位：cm

控水模式	处理号	分蘖期	拔节孕穗期	抽穗开花期	乳熟期
先旱后涝（HZL）	HZL-1	－50～15	－30～3	－20～3	－30～3
	HZL-2	－20～3	－50～25	－20～3	－30～3
	HZL-3	－20～3	－30～3	－50～25	－30～3
	HZL-4	－20～3	－30～3	－20～3	－50～25
	HZL-5	－50～15	－50～25	－20～3	－30～3
	HZL-6	－20～3	－50～25	－50～25	－30～3
	HZL-7	－20～3	－30～3	－50～25	－50～25

（续）

控水模式	处理号	分蘖期	拔节孕穗期	抽穗开花期	乳熟期
先涝后旱（LZH）	LZH - 1	−50～15	−30～3	−20～3	−30～3
	LZH - 2	−20～3	−50～25	−20～3	−30～3
	LZH - 3	−20～3	−30～3	−50～25	−30～3
	LZH - 4	−20～3	−30～3	−20～3	−50～25
	LZH - 5	−50～15	−50～25	−20～3	−30～3
	LZH - 6	−20～3	−50～25	−50～25	−30～3
	LZH - 7	−20～3	−30～3	−50～25	−50～25
对照	CK	−20～3	−30～3	−20～3	−30～3

注：正值为涝渍上限，负值为干旱下限。

表 2.3　2015—2017 年不同灌排模式水位控制标准

单位：cm

控水模式	处理号	分蘖期	拔节孕穗期	抽穗开花期	乳熟期
控制灌溉	T1	−20～3～3	−30～3～5	−20～3～5	−30～3～5
浅湿灌溉	T2	1～3～6	1～3～10	1～3～10	1～3～10
控制灌排（轻涝）	T3	−20～3～6	−30～3～10	−20～3～10	−30～3～10
控制灌排（中涝）	T4	−20～3～10	−30～3～15	−20～3～15	−30～3～15

注：$-I\sim J\sim K$，$-I$ 表示灌水下限，J 表示灌水上限，K 表示雨后蓄水上限。

2.2.3　稻田施肥方式与农艺措施

水稻全生育期农艺措施见表 2.4。

表 2.4　2015—2017 年水稻全生育期农艺措施

年份		2015 年	2016 年	2017 年
催芽	日期	5 月 15 日	5 月 20 日	5 月 25 日
育秧	日期	5 月 17 日	5 月 21 日	5 月 26 日
泡田	日期	6 月 10 日	6 月 18 日	6 月 22 日
移栽	日期	6 月 16 日	6 月 23 日	6 月 29 日
	叶龄	6 叶期	6 叶期	6 叶期
	密度	20cm×14cm，每穴 3 株籽苗		

（续）

年份		2015 年	2016 年	2017 年
基肥	日期	6 月 13 日	6 月 23 日	6 月 28 日
	施肥量	氮磷钾复合肥（N∶P∶K 为 15∶15∶15）900kg/hm²		
分蘖肥	日期	6 月 23 日	7 月 5 日	7 月 6 日
	施肥量	尿素（氮的质量分数为 46.4%）100kg/hm²		
穗肥	日期	7 月 30 日	8 月 3 日	8 月 2 日
	施肥量	尿素（氮的质量分数为 46.4%）100kg/hm²		
收割	日期	10 月 7 日	10 月 20 日	10 月 25 日

2.3 测定项目与方法

2.3.1 气象指标测定

气象资料由测坑附近气象站自动采集。采集的资料主要包括风速、大气温度、大气相对湿度、大气压、降水量、水面蒸发量、太阳总辐射量以及净辐射量等。

2.3.2 土壤含水量与温度测定

土壤含水量采用烘干法测定。土壤温度由埋设在测坑中的电流源型温度传感器 AD590 自动收集，每 6min 收集一次，分别观测土层 5cm、20cm 以及 40cm 的温度（每个处理选取三个点），并记录。

2.3.3 水位与水量测定

在距离蒸渗测坑边沿 50cm 处设置地下水位观测井，观测井由一根直径为 4cm、长为 200cm 的 PVC 管制成，并在 PVC 管末端 50cm 内用电钻在上面打间隔约 3cm、均匀交错分布的小孔，然后用土工布包裹后埋入蒸渗测坑内已用土钻钻好的孔内，PVC 管外壁与土壤紧密接触，管口距地面 30cm 左右，高出测坑上沿 3～5cm。每天上午 7：00—8：00 定时观测水位。以测坑内土壤表面为 0 基准点，水位计量时地面线以上为正，地面线以下为负。地表水位观测时，测量每个测坑内土壤地面线到测坑边缘水泥台顶部的距离，每天测量时只需测量水面到水泥台顶部的距离，然后两个值相减得出的就是测坑内的水位，测量时需要用精确到 1mm 的标尺紧贴住水泥台边缘并垂直于水面进行测量。地下水位观测时需要测量土壤表面线到观测井顶部的距离，每天测量地下水位只需要测量观测井内水面到观测井顶部的距离，两个值相减就是地下水位值，测量时需要将标尺紧贴观测井，并确定标尺垂直于水面进行测量。田面有水层时，记录灌水前、后水层深度，两者之差即为灌水量；田面无水层时，直接记录灌溉水量。雨后若蒸渗测坑水层超过处理要求的上限，按照处理要求进行排水，记录排水前后的水层深度，两者之差即为排水量。

2.3.4　水稻生长指标测定

生育期：按照《灌溉试验规范》（SL13）中水稻生育阶段的划分原则，观测并记录各个生育期的起止时间。叶龄，分蘖，株高：每个处理选取 3 穴有代表性的水稻主茎进行挂牌标记，从移栽之日起，每隔 5d 定点观测水稻的叶龄、分蘖和株高的动态变化情况；株高测量长度为作物地面以上的长度，不包括根部；扬花之前的测量长度为测坑地面线至最高叶尖的高度，扬花后的测量长度为稻田底面线至穗顶（不计芒）的高度。地上干物质：在每一个生育期测定每个小区的生物量，每次采样 3 穴，用镰刀紧贴地面割下水稻地上植株，将样品放入烘箱中在 105℃下杀青 30 分钟，然后在 75℃下烘干至恒重后，进行称干重。*LAI*：每 5d 使用 *LAI* - 2000 叶面积仪（LI - COR，USA）定时观测水稻群体 *LAI*。考种：每个处理随机选取 5 穴，测量每穴的节间距、秆径、壁厚、穗长、穗数和实瘪粒数，计算结实率，在每穴中随机选取 1 000 粒实粒，测量千粒重及理论产量，实际产量为单打单收。

2.3.5　水稻生理指标测定

叶片光合参数：在每个生育阶段内，每个处理分别选择 3 穴有代表性的水稻主茎进行挂牌标号，使用 Li - 6400 便携式光合仪（LI - COR，USA）测量净光合速率（P_n）、蒸腾速率（T_r）和气孔导度（G_s）等指标。各生育期内测定的叶位分别为：分蘖期和拔节孕穗期测量水稻最新完全展开叶叶片中部，抽穗开花期和乳熟期测量水稻穗叶中部。测定时间间隔为：控水前测定 1 次，控水期间加测 3～4 次，恢复正常水位后每隔 3d 左右测定 1 次，共测 3～4 次，选择无云或少云的晴天，每次测量时间为上午 9:30—10:30。测量日变化时，从 7:00 开始，到 18:00 结束，每小时测定 1 次。

2.4 数据统计分析方法

图表制作采用 Microsoft Excel 2010 和 Origin 8.0 完成；利用 SPSS 19.0 软件进行统计分析，依据 F-检验和 Least-significant difference（LSD）方法进行显著性分析（$P<0.05$）。

2.5 模拟结果检验标准

分别采用均方根差（*RMSE*）、相对均方根差（*NRMSE*）、相对误差（*RE*）和相关系数 *R* 来检验所建模型的模拟效果，相关计算公式如下：

$$RMSE=\sqrt{\frac{1}{n}\sum_{i=1}^{n}(O_i-P_i)^2} \tag{2-1}$$

$$NRMSE=\frac{RMSE}{\bar{O}}\times 100\% \tag{2-2}$$

$$R=\frac{\sum_{i=1}^{n}(O_i-\bar{O})(P_i-\bar{P})}{\sqrt{\sum_{i=1}^{n}(O_i-\bar{O})^2}\sqrt{\sum_{i=1}^{n}(P_i-\bar{P})^2}} \tag{2-3}$$

$$RE=\frac{|\bar{P}-\bar{O}|}{\bar{O}} \tag{2-4}$$

式中：O_i 为第 i 个实测值；P_i 为第 i 个模拟值；$\bar{O}$ 为实测值的平均值；$\bar{P}$ 为模拟值的平均值；n 为实测值个数。

通常认为，当 $NRMSE\leqslant 10\%$时，模拟结果极好；$10\%<NRMSE\leqslant 20\%$时，模拟结果较好；$20\%<NRMSE\leqslant 30\%$时，模拟结果尚可；$NRMSE>30\%$时，模拟结果较差。相关系数 *R* 主要用于表示模拟值与实测值的相关程度，越接近于1，则相关性越好。

第三章　控制灌排条件下旱涝交替胁迫水稻生长响应

水稻根、茎、叶等群体质量的发展决定着光合作用效率、抗倒伏能力、产量构成。水稻生长除受遗传因子影响外，也受生长环境的影响。已有研究表明，CO_2 浓度、O_2 浓度、地温、施肥量等因素均会影响水稻生长（Shi et al.，2009；Zhu et al.，2013；张武益等，2014）。除上述因素外，不同生育阶段水分胁迫也能明显影响水稻生长。干旱胁迫会引起水稻结实率下降，导致产量降低（Rang et al.，2011；Shukla et al.，2012）。淹涝胁迫会引起水稻茎节和胚芽鞘增长迅速加快，叶片黄化枯萎，茎节部位生出不定根，根长变短根茎变细，甚至导致整株死亡（Kato and Okami，2010；王斌等，2014）。在水稻灌排实际应用时，人们主要研究各生育期的适宜耐淹（旱）水深和耐淹（旱）历时对水稻产量品质与生态环境效益的影响。然而，对于不同灌排方式，尤其不同生育期旱涝交替胁迫水稻的生长响应研究较少。因此，研究控制灌排条件下旱涝交替胁迫水稻生长变化规律，以揭示旱涝交替胁迫水稻生长响应机制，为控制灌排技术在实际生产中的应用提供理论基础。

3.1　旱涝交替胁迫水稻茎蘖特征分析与模拟

水稻茎蘖消长对单位面积有效穗数产生直接影响，并最终影响到产量。水稻茎蘖生长主要发生在分蘖期，而在拔节孕穗期开始后，主茎秆、穗和叶的迅速增长需要消耗大量营养物质，这时不足三叶的分蘖（无效分蘖）便因营养短缺而停止生长，最后逐渐消亡。因此，水稻群体茎蘖动态变化是由茎蘖发生和消亡共同组成。

3.1.1　水稻茎蘖动态变化与特征分析

分蘖期旱涝交替胁迫水稻茎蘖数及其日增长量动态变化见图 3.1。旱涝交替水稻茎蘖数量明显小于对照，各处理茎蘖数量达到峰值时间（2016 年 7 月 31 日前后，2017 年 8 月 6 日前后）相差不大。从茎蘖日增长量可以看出，旱涝交替胁迫处理茎蘖日增长量小于对照，且后期茎蘖日消亡量也小于对照。前期旱、涝胁迫期间水稻茎蘖日增长量显著（$P<0.05$）小于对照处理，且涝胁迫比旱胁迫对水稻茎蘖日增长量的影响更加明显。水分胁迫由旱转涝后，水稻日增长量下降速度加快，说明水稻先旱后涝胁迫对茎蘖增长的抑制作用产生了叠加效应。

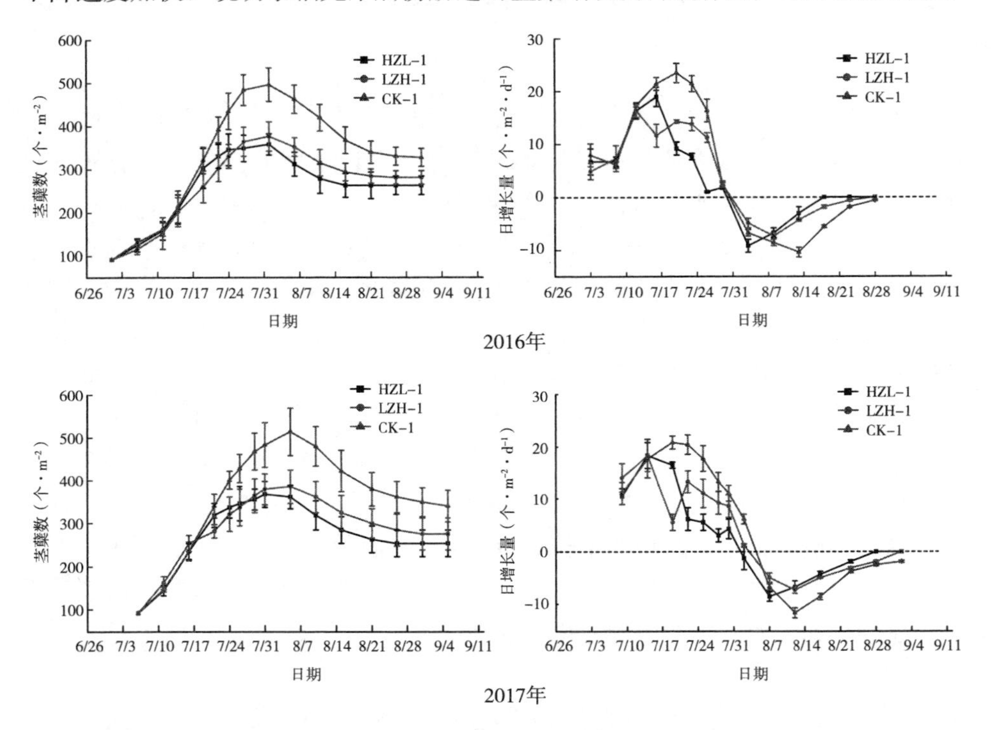

图 3.1　分蘖期旱涝交替胁迫水稻茎蘖数及日增长量变化（2016 年和 2017 年）

注：HZL－1 处理旱涝急转日期为 2016 年 7 月 24 日和 2017 年 7 月 24 日，旱涝交替胁迫结束日期为 2016 年 7 月 29 日和 2017 年 7 月 29 日；LZH－1 处理涝结束日期为 2016 年 7 月 19 日和 2017 年 7 月 22 日，旱涝交替胁迫结束日期为 2016 年 7 月 27 日和 2017 年 7 月 29 日，下同。

水稻茎蘖的成穗率是群体质量的重要标志，茎蘖特征与产量及其构成因素之间存在密切关系。穗数稳定与成穗率高的合理群体有益于改善水稻群体质量、冠层结构以及中后期群体光照环境，增强抽穗后群体光合效率，对产量产生积极的影响（凌启鸿等，1995；詹可和邹应斌，2007）。分蘖期旱涝交替胁迫水稻茎蘖特征见表 3.1。由表可知，与对照相比，HZL－1 和 LZH－1 处理最大茎蘖数在 2016 年分别显著减少 27.8%和 24.2%，2017 年分别显著减少

28.6%和24.9%；有效茎蘖数在2016年分别显著减少19.6%和13.8%，2017年分别显著减少25.3%和19.1%（$P<0.05$）。与对照相比，HZL-1和LZH-1处理有效分蘖率在2016年分别增加11.4%和13.8%，2017年分别增加4.6%和7.7%，其中2016年差别显著（$P<0.05$）。此外，先涝后旱处理最大茎蘖数、有效茎蘖数和有效分蘖率略大于先旱后涝处理。因此，分蘖期旱涝交替胁迫可以有效地抑制水稻无效分蘖的发生，提高有效分蘖率，但分蘖期不宜过旱或过涝，否则会导致有效穗数不足，造成减产。

表3.1　分蘖期旱涝交替胁迫水稻茎蘖特征

处理	2016年			2017年		
	最大茎蘖数（个·m^{-2}）	有效茎蘖数（个·m^{-2}）	有效分蘖率（%）	最大茎蘖数（个·m^{-2}）	有效茎蘖数（个·m^{-2}）	有效分蘖率（%）
HZL-1	358[b]	263[b]	73.5[a]	367[b]	254[b]	69.2[a]
LZH-1	376[b]	282[b]	75.0[a]	386[b]	275[b]	71.2[a]
CK	496[a]	327[a]	65.9[b]	514[a]	340[a]	66.1[a]

注：相同年份同一列不同字母表示显著性差异（$P<0.05$）。

3.1.2　水稻茎蘖消长模型

水稻群体茎蘖的动态变化是许多生态环境因素综合作用的效果，其中水稻茎蘖消长模型主要是根据积温、叶龄以及时间变化而构建起来。已有研究表明，以叶龄或生态环境因子作自变量具有一定的局限性，而以时间代替综合环境因素作为自变量最为适合（王夫玉和黄丕生，1997；杨沈斌等，2016）。在前人所构建的水稻群体茎蘖生长随时间变化的许多模型中，王夫玉和黄丕生（1997）在水稻群体茎蘖消长的常规曲线基础上，通过数学微积分理论推导出的水稻群体茎蘖消长的基本动力学模型（DMOR）能较好地模拟茎蘖消长全过程，模型参数具有确切的生物学含义。模型表达式为：

$$N=\frac{A}{1+d_1\times e^{-f_1\times t}}-\frac{B}{1+d_2\times e^{-f_2\times t}}+C \qquad (3-1)$$

式中：t为移栽天数（d）；N为移栽t天后水稻群体茎蘖数（个·m^{-2}）；A为水稻群体茎蘖数最大值；B为水稻群体必定消亡的最大茎蘖数；C为基参数，即不随时间变化的初始茎蘖数；d_1、d_2、f_1、f_2为控制变量，其中f_1、f_2分别表示趋近最大值的增长率与消亡率。

分蘖期旱涝交替胁迫水稻茎蘖消长基本动力学模型模拟效果及参数见图 3.2 和表 3.2。从模型模拟结果可以看出，各处理茎蘖数模拟值与实测值之间的变化规律契合度较好。模拟值和实测值两者之间的 *RMSE* 在 15 个 · m^{-2} 之内，*NRMSE* 均小于 5%，而相关系数 *R* 均在 0.90 以上，表明模型可以很好模拟试验条件下各处理水稻茎蘖消长变化。模型参数 *A* 与对应最大茎蘖数实测值（表 3.1）比较，2016 年误差范围为 3.1%～12.9%，2017 年误差范围为 9.8%～22.4%，说明模型参数 *A* 可以表示水稻群体茎蘖数最大值，但在以后的研究中还有进一步优化空间。

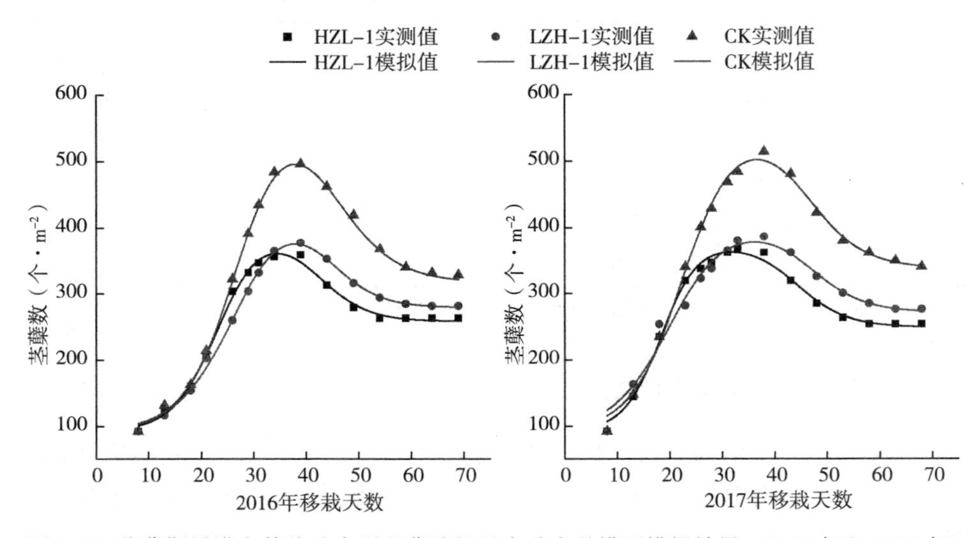

图 3.2 分蘖期旱涝交替胁迫水稻茎蘖消长基本动力学模型模拟效果（2016 年和 2017 年）

表 3.2 旱涝交替胁迫水稻茎蘖消长基本动力学模型参数

年份	处理	模型参数							评价指标		
		A	d_1	f_1	*B*	d_2	f_2	*C*	*RMSE*（个 · m^{-2}）	*NRMSE*（%）	*R*
2016	HZL-1	311.7	235.9	0.236 9	144.8	8 200	0.214 8	92.0	6.938 5	2.66	0.994 9
	LZH-1	364.2	123.3	0.181 9	177.3	9 100	0.208 4	92.0	6.713 3	2.51	0.996 3
	CK	528.4	216.4	0.199 7	304.4	2 176	0.171 7	92.0	6.299 1	1.90	0.997 6
2017	HZL-1	284.7	174.0	0.282 7	127.4	9 940	0.208 5	92.0	8.894 7	3.18	0.992 0
	LZH-1	315.3	39.09	0.184 8	136.1	9 980	0.197	92.0	16.53	5.64	0.957 2
	CK	463.6	94.84	0.202 8	219.0	6 548	0.188 9	92.0	10.940 2	3.02	0.994 3

3.2 旱涝交替胁迫水稻株高动态与茎秆特征分析

株高是反映水稻生长情况的关键指标，也是组成水稻理想株型的主要因素，适宜的株高是调节水稻光合作用效率、抗倒伏能力和产量构成的重要指标（王振昌等，2016a）。不合理的灌溉方式下水稻地上干物质累积增加导致基部茎节的弯曲力矩变大，增加了倒伏风险，不利于水稻的产量品质及收割效率（Setter et al.，1997；彭世彰等，2009；Vera et al.，2012）。在合理的灌排方式下，植株营养物质的制造、积累和运移协调，各器官干物质分配比例较合理，植株抗倒伏能力增加。因此，研究不同生育阶段旱涝交替胁迫水稻株高动态和茎秆特征，以及应用株高生长模型对株高生长进行模拟分析，可为估算控制灌排条件下水稻生长后期的倒伏风险提供技术支持。

3.2.1 水稻株高动态变化与茎秆特征

分蘖期和拔节孕穗期旱涝交替胁迫水稻株高动态变化见图 3.3 和图 3.4。水稻株高在全生育期内动态变化总体呈现出 S 形的生长规律，这与前人研究结果相同（赵振东等，2015；肖梦华等，2015）。从株高日增长量可以看出，水稻旱胁迫期间株高增长受到抑制，前期涝胁迫期间株高增长受到促进；水分胁迫由旱转涝后，株高日增长量显著（$P<0.05$）大于对照，表现为超补偿效应；水稻分蘖期遭受先涝后旱胁迫后株高日增长量明显大于对照，表现为短期内的超补偿效应，而拔节孕穗期遭受先旱后涝胁迫后表现为短期内的超补偿效应。

水稻倒伏的主要形式是茎秆倒伏，茎秆倒伏本质上是由于水稻抽穗后重心升高，同时茎秆生长趋向衰老，在承载能力降低与弯矩增强的双重压力下出现倒伏。已有研究表明，淹水胁迫使基部茎节间组织中氧浓度降低，引起基部乙烯的合成与累积，促进节间分生组织细胞的分裂，会引起茎秆节间长度变长，茎秆变细，后期抗倒伏能力变差（Won et al.，2005；Ohe et al.，2010；Nishiuchi et al.，2012）；干旱胁迫会使节间延伸生长变慢，增加基部茎秆直径、茎壁厚度以及茎秆强度，从而降低水稻倒伏率（杨长明等，2004）。旱涝交替胁迫水稻茎秆特征见表 3.3。HZL－1 处理水稻基部茎节节间距较 CK 降低 9.3%～20.2%，但差别不显著（$P\geqslant0.05$），其他旱涝交替胁迫处理较 CK 增加 0.2%～62.5%，说明旱涝交替胁迫对水稻基部节间生长的影响主要呈现出促进作用。此外，连续两个生育期旱涝交替胁迫对水稻基部节间生长促进作用比单生育期明显。从显著性结果可以看出，分蘖期与拔节孕穗期、拔节孕穗期与抽穗开花期连续两个生育期先涝后旱胁迫对水稻基部节间生长影响显著（$P<0.05$）。HZL－1处理水稻基部茎节直径和壁厚分别较CK增加9.1%～25.3%和10.7%～34.0%，其他旱涝交替胁迫处理分别较CK降低0.6%～34.5%和0.5%～43.2%，说明旱涝交替胁迫对水稻基部茎节直径和壁厚的影响主要呈现出抑制作用。HZL－1处理水稻株高较CK降低2.7%～3.1%，但差别不显著（$P\geqslant0.05$），其他旱涝交替胁迫处理较CK增加0.4%～7.2%，说明旱涝交替胁迫对水稻株高的影响主要呈现出促进作用。而郭相平等（2017）研究发现旱涝交替胁迫抑制了水稻株高生长，促进了基部茎节直径和壁厚生长。产生这种不同现象的原因可能是本试验水稻淹水深度过大，使茎秆特征主要受涝胁迫影响。在相同生育阶段进行旱涝交替胁迫时，先涝后旱胁迫对株高影响比先旱后涝胁迫明显。连续两个生育期旱涝交替胁迫对水稻株高影响比单生育期明显。从显著性结果得出，分蘖期与拔节孕穗期连续先涝后旱胁迫水稻株高在2016年和2017年分别较对照显著（$P<0.05$）增加了6.5cm和6.1cm。

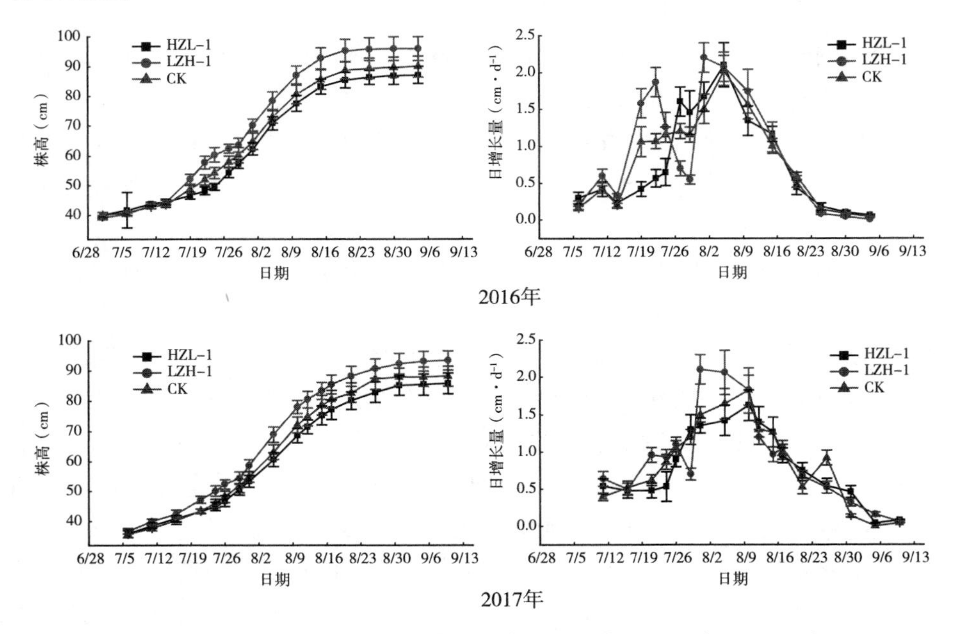

图3.3　分蘖期旱涝交替胁迫水稻株高动态变化（2016年和2017年）

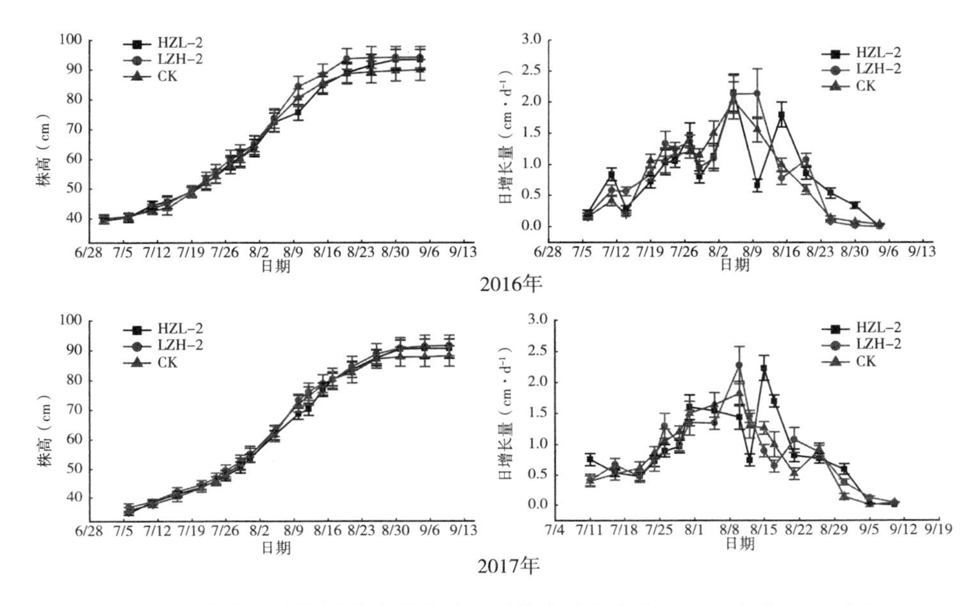

图 3.4　拔节孕穗期旱涝交替胁迫水稻株高动态变化（2016 年和 2017 年）

注：HZL-2 处理旱涝急转日期为 2016 年 8 月 10 日和 2017 年 8 月 12 日，旱涝交替胁迫结束日期为 2016 年 8 月 15 日和 2017 年 8 月 17 日；LZH-2 处理涝结束日期为 2016 年 8 月 10 日和 2017 年 8 月 10 日，旱涝交替胁迫结束日期为 2016 年 8 月 15 日和 2017 年 8 月 17 日。

表 3.3　旱涝交替胁迫水稻茎秆特征

单位：cm

年份	处理	节间距		直径		壁厚		株高
		第一节	第二节	第一节	第二节	第一节	第二节	
2016	HZL-1	2.41^{e}	7.42^{c}	0.609^{a}	0.557^{a}	0.174^{a}	0.101^{a}	87.1^{d}
	HZL-2	4.04^{abcd}	10.53^{ab}	0.519^{ab}	0.462^{ab}	0.124^{b}	0.075^{b}	93.4^{abc}
	HZL-3	3.47^{cde}	9.24^{abc}	0.552^{a}	0.474^{ab}	0.126^{b}	0.079^{b}	91.6^{bcd}
	HZL-4	2.96^{de}	8.72^{bc}	0.554^{a}	0.479^{ab}	0.122^{b}	0.076^{ab}	90.3^{bcd}
	HZL-5	3.43^{cde}	8.71^{bc}	0.539^{ab}	0.417^{b}	0.123^{b}	0.081^{b}	92.1^{abc}
	HZL-6	4.20^{abc}	10.69^{a}	0.533^{ab}	0.411^{b}	0.124^{b}	0.081^{b}	93.9^{abc}
	HZL-7	3.43^{cde}	9.21^{abc}	0.512^{ab}	0.463^{ab}	0.127^{b}	0.083^{b}	90.8^{bcd}
	LZH-1	4.66^{ab}	10.93^{a}	0.549^{a}	0.481^{ab}	0.124^{b}	0.080^{b}	95.9^{ab}
	LZH-2	3.82^{abcd}	10.09^{ab}	0.524^{ab}	0.451^{b}	0.116^{b}	0.074^{b}	94.2^{abc}
	LZH-3	3.57^{bcde}	9.60^{ab}	0.533^{ab}	0.460^{ab}	0.113^{b}	0.077^{b}	92.3^{abc}

（续）

年份	处理	节间距		直径		壁厚		株高
		第一节	第二节	第一节	第二节	第一节	第二节	
2016	LZH-4	3.31^{cde}	9.29^{abc}	0.546^{ab}	0.476^{ab}	0.116^{b}	0.079^{b}	90.7^{bcd}
	LZH-5	4.76^{a}	11.01^{a}	0.448^{b}	0.399^{b}	0.086^{c}	0.055^{c}	96.4^{a}
	LZH-6	4.68^{ab}	10.78^{a}	0.551^{a}	0.481^{ab}	0.091^{c}	0.071^{bc}	93.5^{abc}
	LZH-7	3.30^{cde}	9.95^{ab}	0.538^{ab}	0.473^{ab}	0.118^{b}	0.071^{bc}	91.1^{bcd}
	CK	2.93^{de}	8.57^{bc}	0.558^{a}	0.484^{ab}	0.130^{b}	0.084^{b}	89.9^{bcd}
2017	HZL-1	2.53^{e}	8.17^{c}	0.648^{a}	0.545^{a}	0.124^{a}	0.091^{a}	85.7^{e}
	HZL-2	3.80^{bcd}	10.73^{ab}	0.489^{bc}	0.454^{abc}	0.090^{cd}	0.068^{bcde}	90.6^{abcd}
	HZL-3	3.43^{cd}	9.75^{abc}	0.453^{cd}	0.406^{bc}	0.096^{bcd}	0.072^{bcd}	89.4^{abcde}
	HZL-4	3.21^{de}	9.34^{abc}	0.540^{bc}	0.456^{abc}	0.102^{bc}	0.079^{abc}	88.6^{cde}
	HZL-5	3.39^{cd}	9.03^{bc}	0.471^{bc}	0.421^{bc}	0.108^{abc}	0.076^{abc}	89.8^{abcde}
	HZL-6	3.97^{abcd}	10.67^{ab}	0.452^{cd}	0.392^{bc}	0.070^{e}	0.046^{f}	91.7^{abcd}
	HZL-7	3.40^{cd}	9.73^{abc}	0.458^{bcd}	0.411^{bc}	0.098^{bcd}	0.075^{abc}	89.3^{bcde}
	LZH-1	4.63^{ab}	10.10^{abc}	0.545^{bc}	0.388^{bc}	0.085^{de}	0.058^{def}	93.4^{abc}
	LZH-2	3.40^{cd}	9.40^{abc}	0.519^{bc}	0.406^{bc}	0.093^{cd}	0.064^{bcde}	91.6^{abcd}
	LZH-3	3.73^{bcd}	10.17^{abc}	0.523^{bc}	0.409^{bc}	0.090^{cd}	0.062^{cdef}	89.9^{abcde}
	LZH-4	3.23^{de}	9.77^{abc}	0.541^{bc}	0.449^{abc}	0.096^{bcd}	0.068^{bcde}	88.7^{cde}
	LZH-5	4.47^{abc}	11.23^{a}	0.465^{bcd}	0.376^{bc}	0.083^{de}	0.064^{bcde}	94.2^{a}
	LZH-6	4.97^{a}	11.17^{a}	0.365^{d}	0.365^{c}	0.083^{de}	0.053^{ef}	93.9^{ab}
	LZH-7	3.90^{abcd}	9.57^{abc}	0.496^{bc}	0.444^{abc}	0.099b^{cd}	0.073^{bcd}	90.5^{abcde}
	CK	3.17^{de}	9.01^{bc}	0.557^{ab}	0.467^{ab}	0.112^{ab}	0.081^{ab}	88.1^{de}

注：相同年份同一列不同字母表示显著性差异（$P<0.05$）；“第一节”和“第二节”指的是从水稻基部起始。

由上述分析可知，旱涝交替胁迫对水稻基部节间生长的影响主要呈现出促进作用，而对水稻基部茎节直径和壁厚的影响主要呈现出抑制作用，降低了水稻抗倒伏能力，特别是在分蘖期与拔节孕穗期应尽量避免连续先涝后旱胁迫，采取合理的控制灌排策略来控制水稻植株高度，增加基部茎节直径和壁厚，防止后期水稻倒伏。

3.2.2 株高生长模拟

植物生长曲线法作为趋势延伸法的一种重要方法，可以准确描述及预测生物个体生长发育（姚克敏等，1999；马秋月等，2013）。广泛应用的数学模型有 Logistics、Gompertz、von Bertaffany 以及 Richards 等（赵雨明等，2011），其中 Logistics 与 Gompertz 模型具备拐点固定以及饱和增长特征，而 von Bertaffany 与 Richards 模型具备拐点可变特征（朱珉仁，2002；王振昌等，2016b）。Richards 生长模型是在 von Bertalanffy 模型的基础上经一般化处理后提出的，其参数具有合理的生物学意义，且对生物多样性生长过程描述能力强（邢黎峰等，1998；郑立飞等，2004）。因此，本书采用 Richards 模型模拟旱涝交替胁迫水稻株高生长。Richards 株高生长模型表达式为：

$$H=A\times(1-B\times e^{-k\times t})^{1/(1-m)}+C \qquad (3-2)$$

式中：H 为株高；t 为移栽天数（d）；A 为株高累积生长饱和值；B 为初始值参数；C 为基参数，即不随时间变化的初始株高；k 为生长速率参数；m 为异速生长参数。

分蘖期和拔节孕穗期旱涝交替胁迫水稻株高生长模拟效果及模型参数见图 3.5 和表 3.4。从模型模拟结果可以看出，各处理株高模拟值与实测值之间的变化规律契合度较好。模拟值和实测值两者之间的 $RMSE$ 在 2cm 之内，$NRMSE$ 均小于 5%，而相关系数 R 均在 0.99 以上，表明模型可以很好地模拟试验条件下各处理水稻株高生长变化。将模型参数 A 与 C 的值相加，与表 3.3 中的株高实测值比较，可知 2016 年和 2017 年误差的绝对值范围为 0.10%～5.35%，可以表明，模型参数 A 也可以很好地表示水稻株高累积生长值。

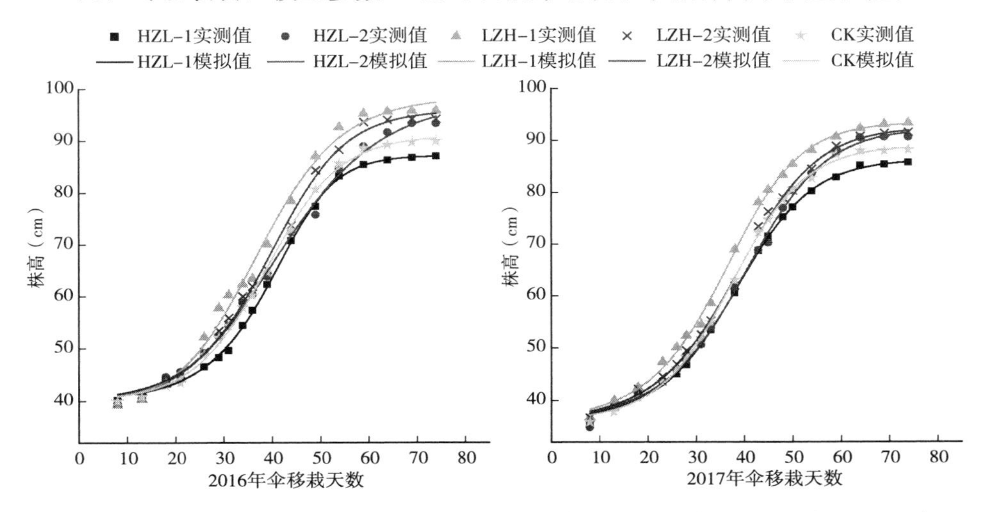

图 3.5　分蘖期和拔节孕穗期旱涝交替胁迫水稻株高生长模拟效果（2016 年和 2017 年）

表 3.4 分蘖期和拔节孕穗期旱涝交替胁迫水稻株高模型参数

年份	处理	模型参数					评价指标		
		A	*B*	*k*	*m*	*C*	*RMSE*（cm）	*NRMSE*（%）	*R*
2016	HZL-1	47.19	−3 308	0.181 7	2.722	40	0.577 1	0.92	0.999 2
	HZL-2	57.93	−14.5	0.083 31	1.526	40	1.225 4	1.77	0.996 8
	LZH-1	58.4	−32.23	0.107 9	1.64	40	1.936 2	2.97	0.993 4
	LZH-2	55.90	−272.8	0.134 5	2.227	40	1.403 9	2.10	0.996 3
	CK	51.03	−194.4	0.133 4	2.056	40	0.854 2	1.32	0.998 4
2017	HZL-1	50.3	−198	0.132	2.185	36	0.545 9	0.87	0.999 3
	HZL-2	56.31	−223.9	0.126 9	2.26	36	1.110 3	1.62	0.997 5
	LZH-1	57.48	−244.1	0.140 2	2.366	36	0.889 4	1.38	0.998 5
	LZH-2	56.55	−189	0.128	2.247	36	0.939 8	1.43	0.998 2
	CK	52.98	−161.1	0.133 4	2.062	36	0.998 9	1.55	0.999 1

3.3 旱涝交替胁迫水稻叶面积指数动态变化

水稻叶片是植株开展光合作用与制造有机物的主要器官，它参与水稻许多生物物理活动，如光合、蒸腾、碳循环、气体交换以及降水截获等。叶面积指数（*LAI*）是反映水稻叶面积发展的重要评价指标，它的大小对光合速率产生影响，即对产量的高低起着关键性作用（徐英等，2006a）。

旱涝交替胁迫水稻 *LAI* 动态变化见图 3.6。由图可见，拔节孕穗期先旱后涝胁迫水稻 *LAI* 略大于对照，其他生育期旱涝交替胁迫水稻 *LAI* 均小于对照。分蘖期旱、涝胁迫期间 *LAI* 增长速率均低于对照，恢复正常水位后一段时间内增长速率有所升高。抽穗开花期和乳熟期旱、涝胁迫期间 *LAI* 降低速率均高于对照，这主要是因为旱、涝胁迫分别会形成根部缺氧和缺水的生长环境，使部分衰老叶片加速死亡，恢复正常水位后一段时间内降低速率有所缓解。

3.4 旱涝交替胁迫水稻根冠关系

根的主要功能是吸收水分与养分，冠层的主要功能是开展光合作用并形成

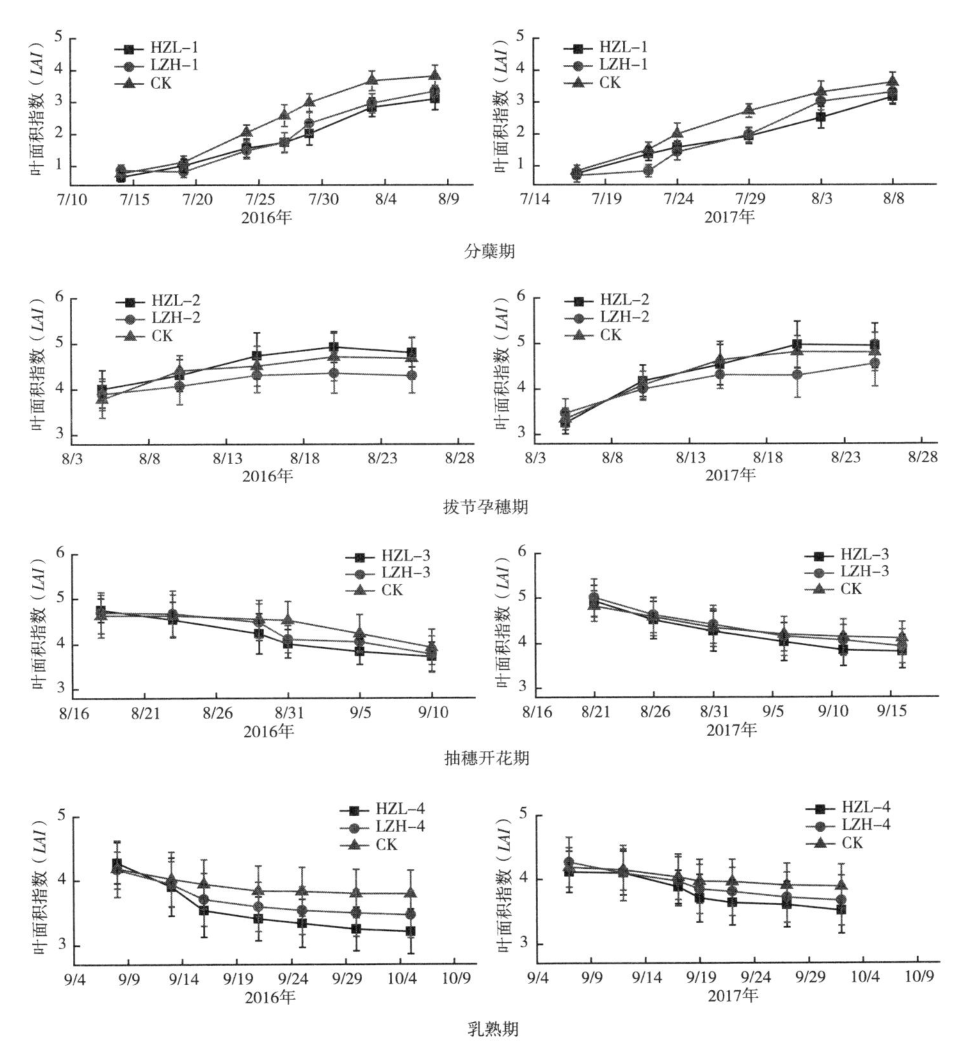

图 3.6 旱涝交替胁迫水稻叶面积指数动态变化（2016 年和 2017 年）

碳水化合物。根冠功能相互依靠和补偿，共同满足各自及作物整体生长需要（郝树荣等，2010）。水稻根系对土壤水分变化非常敏感，稻田土壤水分变化会对水稻根长度、直径以及分布产生明显影响（Vamerali et al.，2009）。已有研究表明，淹水稻田根系主要分布于土壤表层，聚集成网，而旱栽稻田土壤表层根较少，根系主要分布于中下层（张亚洁等，2017）。此外，旱胁迫水稻根重与根冠比较大，涝胁迫水稻较小（陶敏之等，2014；魏永霞等，2018）。

旱涝交替胁迫水稻根重、冠重及根冠比见表3.5。由表可知，HZL－2处理水稻根重较CK增加0.7%～5.8%，其他旱涝交替胁迫处理较CK减少8.0%～33.3%，其中HZL－1差别显著（$P<0.05$）。旱涝交替胁迫处理水稻冠重较CK降低1.9%～19.8%，其中2016年差别显著（$P<0.05$）。HZL－2处理水稻根冠比较CK增加7.8%～15.9%，其他旱涝交替胁迫处理较CK减少0.7%～17.1%，其中HZL－1处理根冠比差别显著（$P<0.05$）。因此，拔节孕穗期先旱后涝胁迫对水稻根系生长有促进作用，提高了水稻根重及根冠比；其他生育期旱涝交替胁迫对水稻根系生长产生了抑制作用，降低了水稻根重及根冠比，其中分蘖期先旱后涝胁迫显著降低（$P<0.05$）。

表3.5　旱涝交替胁迫水稻根重、冠重及根冠比

单位：g

年份	指标	处理								
		HZL－1	HZL－2	HZL－3	HZL－4	LZH－1	LZH－2	LZH－3	LZH－4	CK
2016	根重	1.95^{b}	2.92^{a}	2.27^{b}	2.04^{b}	2.20^{b}	2.23^{b}	2.25^{b}	2.17^{b}	2.90^{a}
	冠重	45.9^{b}	49.7^{b}	45.1^{b}	46.6^{b}	45.9^{b}	47.5^{b}	46.8^{b}	48.4^{b}	57.2^{a}
	根冠比	0.042^{c}	0.059^{a}	0.050^{b}	0.044^{bc}	0.048^{bc}	0.047^{bc}	0.048^{bc}	0.045^{bc}	0.051^{b}
2017	根重	2.18^{c}	3.46^{a}	3.01^{ab}	2.64^{b}	2.53^{b}	2.78^{b}	2.91^{b}	2.62^{bc}	3.27^{a}
	冠重	45.3^{c}	55.3^{ab}	52.5^{abc}	49.7^{bc}	46.3^{c}	50.5^{abc}	51.9^{abc}	50.2^{bc}	56.4^{a}
	根冠比	0.048^{c}	0.063^{a}	0.057^{abc}	0.053^{bc}	0.055^{abc}	0.055^{abc}	0.056^{abc}	0.052^{bc}	0.058^{ab}

注：相同年份同一行不同字母表示显著性差异（$P<0.05$）。

3.5　旱涝交替胁迫水稻产量构成

产量是评价水稻生长优劣的最根本评价标准，构成因子包含单位面积有效穗数、每穗粒数、结实率以及千粒重。水稻产量构成与稻田土壤水分之间存在着密不可分的联系，在不同生长发育阶段，水分胁迫对产量的影响机理不相同，前期的作用会对后期的生长发育产生后效性。已有研究表明，拔节孕穗期是水稻营养生长和生殖生长的并进期，开始发育出幼穗并逐渐生长，对茎秆直径、穗粒数以及大小起着重要作用，长时间旱、涝胁迫会对颖花发育产生抑制作用，导致穗粒数降低（邵玺文等，2004）；抽穗开花期是水稻生长的关键时期，受涝或受旱会严重影响水稻的干物质积累，不利于穗粒发育，降低结实率（蔡昆争等，2008b；汪妮娜等，2013）。

旱涝交替胁迫水稻产量及其构成要素见表 3.6。由表可知，分蘖期旱涝交替胁迫对单位面积有效穗数影响最大，与对照差别显著（$P<0.05$），表明分蘖期旱涝交替胁迫不利于水稻成穗，主要因为分蘖期是水稻茎蘖数的主要发育期，水分胁迫不仅抑制了无效茎蘖的生长，也降低了有效茎蘖数，导致单位面积有效穗数明显减少（Belder et al.，2004；王斌等，2014）；拔节孕穗期遭受先旱后涝胁迫时单位面积有效穗数表现出较一致的轻度增产效应。分蘖期单个生育期遭受旱涝交替胁迫时每穗粒数均增加，其中分蘖期先旱后涝胁迫影响最大，增幅最大达到 12.9%，但与对照差别不显著（$P>0.05$）；拔节孕穗期单个生育期遭受先旱后涝胁迫时每穗粒数均减少。各生育期遭受先涝后旱胁迫时结实率均减少，但差别不显著（$P\geqslant0.05$）。乳熟期单个生育期遭受旱涝交替胁迫时千粒重均减少，主要因为乳熟期是水稻籽粒充实的关键时期，旱、涝胁迫均会破坏籽粒灌浆，导致粒重降低（Jain et al.，2007）。

由表 3.6 可知，各处理的理论产量与实际产量差别不大，变化基本相似，因此只分析各处理的理论产量。与 CK 相比，HZL-1、HZL-2、HZL-3、HZL-4、LZH-1、LZH-2、LZH-3、LZH-4 产量在 2015 年分别降低了 19.5%、0.4%、10.1%、11.3%、15.5%、5.7%、6.9%、7.8%；2016 年分别降低了 15.8%、1.9%、5.4%、8.6%、13.7%、4.8%、5.1%、11.0%；2017 年分别降低了 18.5%、1.6%、4.3%、12.5%、16.7%、2.9%、3.2%、9.6%。从显著性结果可以看出，分蘖期单个生育期进行旱涝交替胁迫对水稻产量影响显著（$P<0.05$）。在同一生育期，拔节孕穗期先旱后涝比先涝后旱胁迫对水稻产量影响略小，其他生育期与之相反。与 CK 相比，HZL-5、HZL-6、HZL-7、LZH-5、LZH-6、LZH-7 产量在 2015 年分别降低了 20.5%、6.8%、5.9%、23.2%、11.2%、14.1%；2016 年分别降低了 18.5%、6.0%、8.4%、21.4%、11.1%、11.4%；2017 年分别降低了 21.5%、3.8%、7.6%、24.9%、11.0%、11.7%。从显著性结果可以看出，分蘖期与拔节孕穗期连续两个生育期进行旱涝交替胁迫对水稻产量影响显著（$P<0.05$）。在相同连续两个生育期进行旱涝交替胁迫，先旱后涝比先涝后旱胁迫对水稻产量影响小。

表 3.6　旱涝交替胁迫水稻产量及其构成要素

年份	处理	有效穗数（个·m^{-2}）	每穗粒数（粒/穗）	结实率（%）	千粒重（g）	理论产量（kg·hm^{-2}）	实际产量（kg·hm^{-2}）
	HZL-1	288^{c}	121^{a}	89.2^{ab}	25.5^{abc}	$7\,916.6^{bc}$	$7\,621.3^{bcd}$
	HZL-2	364^{a}	105^{bc}	94.5^{a}	27.1^{a}	$9\,791.7^{a}$	$8\,954.7^{ab}$
	HZL-3	349^{a}	114^{abc}	87.2^{b}	25.5^{abc}	$8\,842.8^{abc}$	$8\,349.8^{abcd}$
	HZL-4	355^{a}	109^{abc}	93.2^{a}	24.2^{c}	$8\,726.4^{abc}$	$8\,251.4^{abcd}$
	HZL-5	294^{c}	113^{abc}	93.1^{ab}	25.3^{abc}	$7\,818.8^{bc}$	$7\,487.5^{cd}$
	HZL-6	358^{a}	101^{c}	95.6^{a}	26.5^{ab}	$9\,160.8^{ab}$	$8\,724.6^{abc}$
	HZL-7	352^{a}	112^{abc}	88.9^{ab}	26.4^{ab}	$9\,250.0^{ab}$	$8\,727.1^{abc}$
2015	LZH-1	303^{bc}	118^{ab}	90.1^{ab}	25.8^{abc}	$8\,309.7^{bc}$	$8\,083.4^{abcd}$
	LZH-2	361^{a}	110^{abc}	91.6^{ab}	25.5^{abc}	$9\,277.5^{ab}$	$8\,769.7^{abc}$
	LZH-3	352^{a}	105^{bc}	93.1^{ab}	26.6^{ab}	$9\,150.4^{ab}$	$8\,687.2^{abc}$
	LZH-4	358^{a}	111^{abc}	92.0^{ab}	24.8^{bc}	$9\,067.1^{abc}$	$8\,411.8^{abcd}$
	LZH-5	297^{bc}	114^{abc}	89.3^{ab}	25.0^{bc}	$7\,554.2^{c}$	$7\,263.2^{d}$
	LZH-6	340^{ab}	115^{abc}	90.5^{ab}	24.7^{bc}	$8\,731.5^{abc}$	$8\,027.6^{abcd}$
	LZH-7	349^{a}	113^{abc}	88.5^{ab}	24.2^{c}	$8\,442.4^{abc}$	$7\,885.4^{abcd}$
	CK	361^{a}	111^{abc}	94.0^{a}	26.1^{abc}	$9\,833.2^{a}$	$9\,147.5^{ab}$
	HZL-1	263^{e}	129^{a}	84.4^{ab}	25.9^{ab}	$7\,420.8^{cd}$	$7\,172.0^{bcd}$
	HZL-2	337^{ab}	108^{c}	87.1^{a}	27.3^{a}	$8\,644.1^{ab}$	$8\,245.6^{ab}$
	HZL-3	324^{abc}	122^{ab}	80.7^{b}	26.1^{ab}	$8\,334.1^{abc}$	$8\,079.9^{abc}$
	HZL-4	334^{ab}	117^{abc}	83.9^{ab}	24.6^{b}	$8\,054.4^{abcd}$	$7\,884.3^{abcd}$
	HZL-5	279^{cde}	116^{abc}	87.2^{a}	25.4^{ab}	$7\,180.6^{cd}$	$6\,938.5^{cd}$
	HZL-6	355^{ab}	111^{bc}	80.2^{b}	26.2^{ab}	$8\,279.0^{abc}$	$7\,917.2^{abcd}$
	HZL-7	315^{abc}	117^{abc}	82.3^{ab}	26.6^{ab}	$8\,071.0^{abcd}$	$7\,712.7^{abcd}$
2016	LZH-1	282^{cde}	124^{ab}	84.6^{ab}	25.7^{ab}	$7\,598.7^{bcd}$	$7\,100.1^{bcd}$
	LZH-2	309^{abcd}	119^{abc}	86.4^{ab}	26.4^{ab}	$8\,388.9^{abc}$	$8\,036.3^{abc}$
	LZH-3	318^{abc}	120^{abc}	84.5^{ab}	25.9^{ab}	$8\,357.8^{abc}$	$7\,989.7^{abc}$
	LZH-4	330^{ab}	115^{bc}	82.5^{ab}	25.0^{b}	$7\,838.6^{abcd}$	$7\,612.2^{abcd}$
	LZH-5	269^{de}	122^{ab}	81.5^{ab}	25.9^{ab}	$6\,922.4^{d}$	$6\,759.8^{d}$
	LZH-6	303^{bcde}	124^{ab}	82.4^{ab}	25.3^{ab}	$7\,828.2^{abcd}$	$7\,691.0^{abcd}$
	LZH-7	321^{abc}	120^{abc}	80.7^{b}	25.1^{b}	$7\,805.0^{abcd}$	$7\,744.5^{abcd}$
	CK	327^{ab}	118^{abc}	86.0^{ab}	26.5^{ab}	$8\,808.4^{a}$	$8\,387.7^{a}$

（续）

年份	处理	有效穗数（个·m^{-2}）	每穗粒数（粒/穗）	结实率（%）	千粒重（g）	理论产量（kg·hm^{-2}）	实际产量（kg·hm^{-2}）
2017	HZL-1	254^{d}	131^{a}	90.1^{ab}	25.1^{bcd}	7 524.4^{cd}	7 394.6^{bcd}
	HZL-2	355^{a}	104^{d}	92.2^{a}	26.7^{a}	9 087.7^{a}	8 717.6^{ab}
	HZL-3	343^{a}	117^{abcd}	89.0^{ab}	25.1^{bcd}	9 006.0^{a}	8 529.1^{abc}
	HZL-4	326^{ab}	114^{bcd}	91.1^{a}	23.9^{d}	8 076.2^{abcd}	7 863.5^{abcd}
	HZL-5	266^{cd}	121^{abc}	90.4^{ab}	24.9^{bcd}	7 250.9^{cd}	6 698.2^{d}
	HZL-6	352^{a}	108^{cd}	91.3^{a}	25.6^{abc}	8 882.9^{ab}	8 525.3^{abc}
	HZL-7	334^{a}	114^{bcd}	88.2^{ab}	25.4^{abcd}	8 533.3^{abc}	8 325.8^{abc}
	LZH-1	275^{bcd}	124^{ab}	89.4^{ab}	25.2^{abcd}	7 693.5^{bcd}	7 325.0^{cd}
	LZH-2	312^{abc}	119^{abcd}	92.2^{a}	26.0^{ab}	8 968.2^{ab}	8 661.1^{abc}
	LZH-3	330^{ab}	122^{abc}	88.9^{ab}	25.0^{bcd}	8 941.4^{ab}	8 596.3^{ab}
	LZH-4	337^{ab}	115^{bcd}	88.7^{ab}	24.3^{cd}	8 346.6^{abc}	8 081.7^{abc}
	LZH-5	257^{cd}	123^{abc}	89.2^{ab}	24.6^{bcd}	6 937.5^{d}	6 706.8^{d}
	LZH-6	306^{abcd}	120^{abc}	90.1^{ab}	24.6^{bcd}	8 219.8^{abcd}	7 952.0^{abcd}
	LZH-7	327^{ab}	118^{abcd}	86.8^{b}	24.4^{cd}	8 182.2^{abcd}	7 944.7^{abcd}
	CK	340^{a}	116^{abcd}	92.3^{a}	25.4^{abcd}	9 233.7^{a}	8 810.8^{a}

注：相同年份同一列不同字母表示显著性差异（$P<0.05$）。

综上，单个生育期遭受旱涝交替胁迫时均会出现减产，减产顺序为：分蘖期（三年平均减产率 16.7%，下同）＞乳熟期（10.1%）＞抽穗开花期（5.9%）＞拔节孕穗期（2.9%）；连续两个生育期遭受旱涝交替胁迫时减产顺序为：分蘖期与拔节孕穗期（21.7%）＞抽穗开花期与乳熟期（9.9%）＞拔节孕穗期与抽穗开花期（8.3%）。因此，在进行控制灌排时，应尽量避免分蘖期单个生育期、分蘖期与拔节孕穗期连续两个生育期遭受旱涝交替胁迫，否则会造成较大程度减产。

旱涝交替胁迫水稻产量构成要素与产量之间相关性分析见表 3.7。由表可知，旱涝交替胁迫水稻产量构成要素与产量间的相关程度大小（相关系数绝对值）顺序为：有效穗数＞每穗粒数＞千粒重＞结实率。有效穗数、结实率、千粒重与产量之间呈现正相关关系，其中有效穗数与产量之间相关关系极显著（$P<0.01$）。每穗粒数与产量及其他产量构成因素之间均呈现负相关关系，这主要可能是因为除分蘖期外，其他生育期旱涝交替胁迫均使每穗粒数降低。因

此，旱涝交替水稻每穗粒数较多时，有效穗数、结实率、千粒重较低，产量降低。

表 3.7 水稻产量构成要素与产量之间相关性分析结果

年份	指标	有效穗数	每穗粒数	结实率	千粒重	理论产量	实际产量
2015	有效穗数	1.000					
	每穗粒数	−0.695*	1.000				
	结实率	0.367	−0.733**	1.000			
	千粒重	0.204	−0.456	0.324	1.000		
	理论产量	0.898**	−0.630*	0.470	0.511	1.000	
	实际产量	0.873**	−0.626*	0.434	0.440	0.934**	1.000
2016	有效穗数	1.000					
	每穗粒数	−0.719*	1.000				
	结实率	−0.218	−0.167	1.000			
	千粒重	0.135	−0.319	0.274	1.000		
	理论产量	0.796**	−0.467	0.140	0.484	1.000	
	实际产量	0.771**	−0.410	0.090	0.374	0.932**	1.000
2017	有效穗数	1.000					
	每穗粒数	−0.825**	1.000				
	结实率	0.159	−0.332	1.000			
	千粒重	0.267	−0.389	0.549*	1.000		
	理论产量	0.887**	−0.607*	0.353	0.506	1.000	
	实际产量	0.873**	−0.591*	0.350	0.506	0.985**	1.000

注：* 表示在 0.05 水平上显著相关，** 表示在 0.01 水平上显著相关（极显著）。

3.6 本章小结

本章分析了控制灌排条件下旱涝交替胁迫水稻茎蘖、株高、根系、*LAI* 等生长指标以及产量，得到以下主要结论：

（1）水稻旱涝交替胁迫会抑制水稻分蘖

与对照相比，旱、涝胁迫期间水稻茎蘖日增长量显著（$P<0.05$）降低，且涝胁迫比旱胁迫影响更加明显。水分胁迫由旱转涝后，水稻茎蘖日增长量下降速度加快，两种胁迫对茎蘖增长的抑制作用产生了叠加效应。分蘖期旱涝交

替胁迫使水稻有效分蘖率提高了 4.6%～13.8%，但也使最大茎蘖数和有效茎蘖数分别显著（$P<0.05$）降低了 24.2%～28.6%和 13.8%～25.3%。茎蘖消长动力学模型（DMOR）模拟值和实测值两者之间的 $RMSE<15$（个・m^{-2}），$NRMSE<5\%$，模型很好地模拟了旱涝交替胁迫水稻新生茎蘖的生长和无效茎蘖的消亡。

（2）水稻涝胁迫对株高增长具有促进作用，旱胁迫对株高具有抑制作用

水分胁迫由旱转涝后，水稻株高日增长量显著（$P<0.05$）增加。分蘖期先涝后旱胁迫和拔节孕穗期先旱后涝胁迫对后期水稻株高日增长量表现为短期内的超补偿效应。分蘖期与拔节孕穗期连续先涝后旱胁迫水稻株高在 2016 年和 2017 年分别较对照显著（$P<0.05$）增加了 6.5cm 和 6.1cm。在相同生育阶段进行水分胁迫时，先涝后旱胁迫对株高影响比先旱后涝胁迫明显。连续两个生育期旱涝交替胁迫对水稻基部节间距、直径、壁厚以及株高生长的影响比单个生育期明显。除分蘖期先旱后涝胁迫处理，其他旱涝交替胁迫处理水稻基部节间距较对照增加 0.2%～62.5%，基部茎节直径和壁厚分别较对照降低 0.6%～34.5%和 0.5%～43.2%。Richards 模型模拟值和实测值两者之间的 $RMSE<2$cm，$NRMSE<5\%$，模型很好地模拟了旱涝交替胁迫水稻株高生长。

（3）拔节孕穗期先旱后涝胁迫使水稻 LAI 增加，抽穗开花期和乳熟期旱涝交替胁迫使 LAI 加速下降

拔节孕穗期先旱后涝胁迫对水稻根系生长有促进作用，水稻根重和根冠分别较对照增加 0.7%～5.8%和 0.7%～17.1%，其他生育期旱涝交替胁迫对水稻根系生长有抑制作用，其中分蘖期先旱后涝胁迫抑制最明显。

（4）各生育期旱涝交替胁迫均对水稻有减产效应

其中分蘖期单个生育期旱涝交替胁迫水稻产量显著降低；分蘖期和拔节孕穗期连续两个生育期进行旱涝交替胁迫水稻产量显著降低；其他生育期旱涝交替胁迫水稻产量减产不显著（$P\geq 0.05$）。单个生育期遭受旱涝交替胁迫时减产顺序为：分蘖期（三年平均减产率 16.7%，下同）>乳熟期（10.1%）>抽穗开花期（5.9%）>拔节孕穗期（2.9%）；连续两个生育期遭受旱涝交替胁迫时减产顺序为：分蘖期与拔节孕穗期（21.7%）>抽穗开花期与乳熟期（9.9%）>拔节孕穗期与抽穗开花期（8.3%）。有效穗数、结实率、千粒重与产量之间呈现正相关关系，每穗粒数与产量及其他产量构成因素之间均呈现负相关关系。旱涝交替水稻产量构成要素与产量间的相关程度大小（相关系数绝对值）顺序为：有效穗数>每穗粒数>千粒重>结实率。

第四章　控制灌排条件下旱涝交替胁迫水稻生理响应

水稻各项生理指标容易受水分影响，水分过高或过低都会导致其发生一定的变化。一方面，水分短缺会引起叶片气孔关闭，导致光合产物输出减慢；另一方面，土壤水分过多会导致土壤通气状况不良，引起次生（涝渍）胁迫，造成作物根系活力下降，间接影响光合作用（李阳生和李绍清，2000；柏彦超等，2010；Debabrata and Kumar，2011）。水稻生长依赖于根部水土环境以及冠层大气环境，各环境因子协同作用对水稻的能量传输、物质交换及生理调节等过程产生影响（孙成明，2006；赵黎明等，2014）。在旱涝交替胁迫条件下，农田微环境变化较复杂，水稻对旱涝交替环境做出的生理响应亟须研究。本章主要分析水位调控下旱涝交替胁迫水稻气孔导度（G_s）、蒸腾速率（T_r）、净光合速率（P_n）、潜在水分利用率（WUE_q）等变化规律，以揭示旱涝交替胁迫水稻生理响应机制。

4.1　旱涝交替胁迫水稻净光合速率和蒸腾速率逐日动态变化

从光合作用的角度来看，水稻产量的形成主要有三大过程，首先是植株对光能的吸收，其次是光能转化为化学能，最后是光合产物在果实、根系、茎叶等部位进行分配（潘瑞炽和董愚得，2004）。因此，水稻植株光合作用的强弱影响产量的高低。蒸腾作用是水稻生长发育进程中水分代谢的根本，同时是水稻营养物质运输、吸收和保持体温的唯一方式，对水稻体内水分与矿物质营养的循环运输以及光合作用起着关键作用，对水稻的生理生长、品质优劣、收成丰歉等有着明显影响。光合作用与蒸腾作用主要受水分、养分、温度、太阳光照时间以及辐射强度等因素影响。通常认为旱、涝胁迫均可对作物光合作用和蒸腾作用产生抑制作用。本试验每次测定水稻 P_n 和 T_r 的时间均选择在上午10：00左右，该时段内叶片气孔可以达到较高的开度而且还未进入中午关闭阶段，可以较好地表征水稻的光合和蒸腾能力。

4.1.1 分蘖期水稻光合速率和蒸腾速率逐日动态变化

分蘖期旱涝交替胁迫水稻光合速率和蒸腾速率指标逐日变化见图4.1。由图4.1a可知，与对照相比，分蘖期前期旱胁迫或涝胁迫水稻 P_n 均会产生不同程度的降低，且随着时间的延长降幅不断增大，旱胁迫最后（农田水位为－50～－40cm）显著降低14.7%～19.8%，涝胁迫最后（第5d）显著降低19.6%～21.3%（$P<0.05$）。HZL－1处理由旱转涝后，P_n 有所恢复，但仍较对照降低3.3%～12.8%，说明分蘖期旱后涝胁迫对水稻光合作用有一定补偿效应，与Colmer等（2014）研究结果不同，但与陆红飞等（2016）研究结果一致。LZH－1处理在涝胁迫结束后 P_n 逐渐恢复至接近正常水平，而随着水分消耗转入旱胁迫，P_n 降幅逐渐增加，最后较对照显著（$P<0.05$）降低13.7%～17.8%。分蘖期旱涝交替胁迫结束8d左右，P_n 较对照增加2.9%～8.2%，出现超补偿效应，但随着水稻生长发育，这种补偿效应逐渐降低。由图4.1b和4.1c可知，G_s 和 T_r 的变化规律存在明显的对应性。分蘖期前期旱胁迫水稻 T_r 降幅随着时间的延长逐渐加大，最后较对照显著（$P<0.05$）降低28.6%～50.9%。分蘖期前期涝胁迫初期水稻 T_r 略有增加，中后期随着涝胁迫时间延长逐渐降低。HZL－1处理由旱转涝后，T_r 与 P_n 变化相似，但最后与对照差别不显著（$P\geqslant0.05$）。LZH－1处理涝胁迫结束后，T_r 逐渐恢复至接近对照水平，而随着水分消耗转入旱胁迫，差距逐渐增大，最后较对照显著（$P<0.05$）降低37.8%～45.1%。分蘖期旱涝交替胁迫结束后水稻 T_r 和 G_s 有所恢复，但均小于对照，且差别不显著（$P\geqslant0.05$），说明分蘖期旱涝交替胁迫可能对水稻蒸腾作用产生了不可逆的影响，降低了水稻拔节孕穗期 T_r 和 G_s。由于旱胁迫对 G_s 的限制超过了对光合速率的限制，HZL－1和LZH－1处理旱胁迫期间水稻 WUE_q 分别较对照显著（$P<0.05$）提高15.6%～73.8%和14.8%～83.6%（图4.1d）。LZH－1处理涝胁迫初期水稻 WUE_q 较对照降低0.5%～4.6%，而HZL－1处理由旱转涝后水稻 WUE_q 较对照提高3.7%～24.1%，主要是因为LZH－1处理涝胁迫初期充分开放的气孔加速了水分的扩散，而HZL－1处理前期旱胁迫导致 G_s 在旱胁迫期间仍受到限制。分蘖期旱涝交替胁迫结束后，由于水稻 P_n 的升高和 G_s 的降低，WUE_q 较对照增加6.1%～7.7%。

综上所述，分蘖期前期旱（涝）胁迫抑制了水稻光合作用和蒸腾作用；旱后涝胁迫对水稻光合作用和蒸腾作用有一定补偿效应；涝后旱胁迫对水稻光合作用和蒸腾作用的影响与前期旱胁迫无明显差别；旱涝交替胁迫降低了后期水

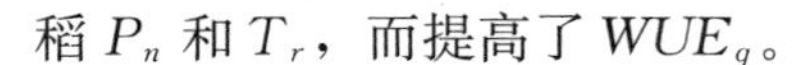

稻 P_n 和 T_r，而提高了 WUE_q。

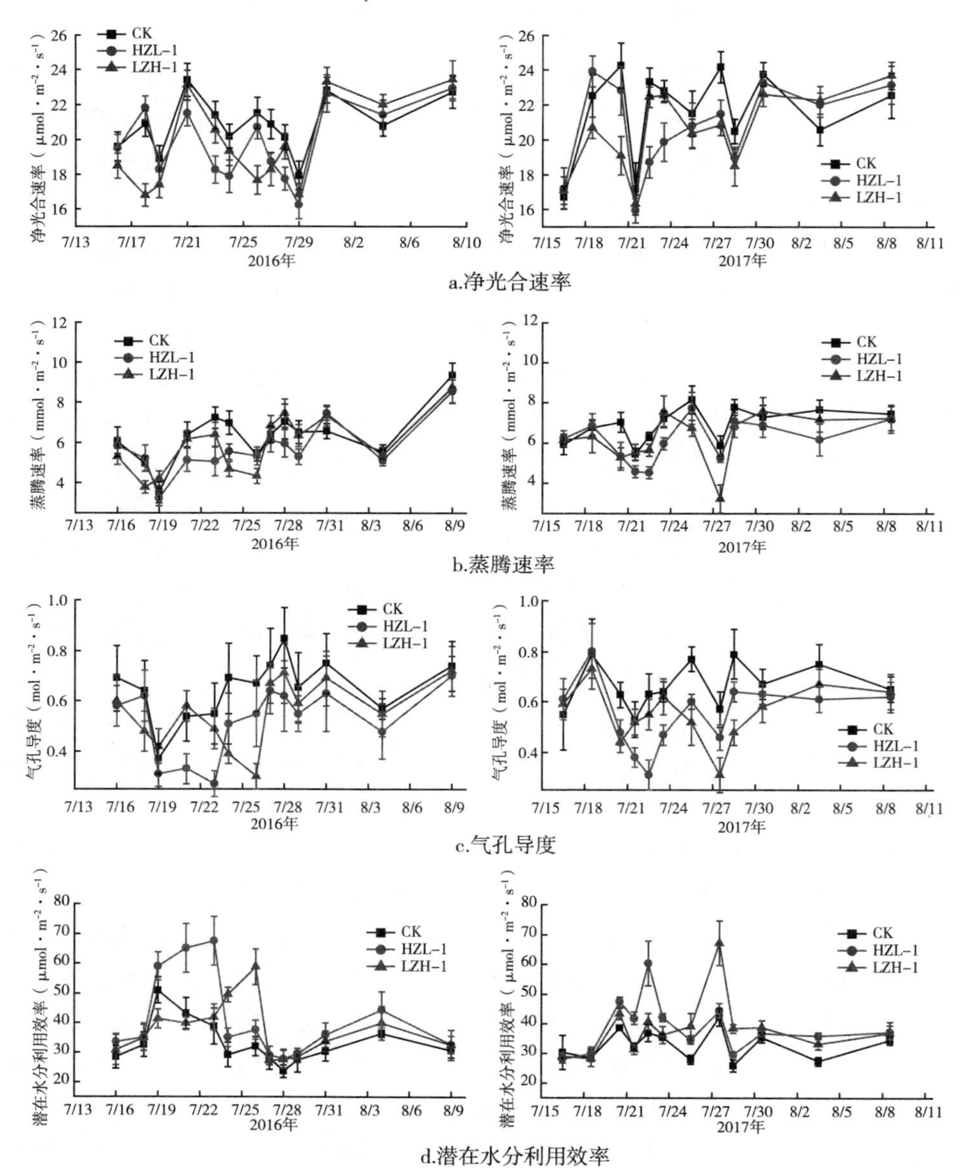

图 4.1　分蘖期旱涝交替胁迫水稻光合速率和蒸腾速率指标逐日变化（2016 年和 2017 年）

注：HZL-1 处理旱涝急转日期为 2016 年 7 月 24 日和 2017 年 7 月 24 日，旱涝交替胁迫结束日期为 2016 年 7 月 29 日和 2017 年 7 月 29 日；LZH-1 处理涝结束日期为 2016 年 7 月 19 日和 2017 年 7 月 22 日，旱涝交替胁迫结束日期为 2016 年 7 月 27 日和 2017 年 7 月 29 日。

4.1.2　拔节孕穗期水稻光合速率和蒸腾速率逐日动态变化

拔节孕穗期旱涝交替胁迫水稻光合速率和蒸腾速率指标逐日变化见图 4.2。由图 4.2a 可知，拔节孕穗期前期旱胁迫水稻 P_n 随着时间的延长降幅逐渐增大，最后（农田水位为－50～－40cm）较对照显著（$P<0.05$）降低 18.2%～19.5%。拔节孕穗期前期涝胁迫初中期水稻 P_n 略有提高，而在后期（第 5d）较对照降低，但差别不显著（$P\geqslant0.05$）。HZL－2 处理由旱转涝后，P_n 增幅随着水分胁迫时间的延长逐渐升高，最后较对照显著（$P<0.05$）增加 5.5%～13.8%，说明拔节孕穗期旱后涝胁迫水稻光合作用得到增强，与陆红飞等（2016）研究结果一致。LZH－2 处理在涝结束后 P_n 逐渐恢复至对照水平，而随着水分转入旱胁迫，降幅逐渐增加，最后显著（$P<0.05$）较对照降低 15.5%～16.2%。HZL－2 处理旱涝交替胁迫结束 3～7d 后 P_n 较对照显著（$P<0.05$）增加 10.0%～17.0%，出现超补偿效应，但随着水稻生长发育，这种补偿效应逐渐降低。LZH－2 处理旱涝交替胁迫结束 3d 后，P_n 恢复至对照水平，无补偿效应出现。拔节孕穗期 G_s 和 T_r 的变化规律都存在明显的对应性（图 4.2b 和 4.2c）。拔节孕穗期前期旱胁迫水稻 T_r 随着时间的延长逐渐下降，最后较对照显著（$P<0.05$）降低 30.3%～35.3%。拔节孕穗期前期涝胁迫水稻 T_r 呈现先增加后降低趋势，在受涝 2d 后大于对照，在受涝 4d 后小于对照。HZL－2 处理由旱转涝后，T_r 较对照显著（$P<0.05$）增加 12.5%～28.4%，说明拔节孕穗期由旱转涝后水稻蒸腾作用得到了增强，出现了超补偿效应。LZH－2 处理涝胁迫结束后，T_r 逐渐恢复至接近对照水平，而随着水分胁迫转入旱胁迫，差距逐渐增大，最后显著（$P<0.05$）较对照降低 48.8%～56.5%。HZL－2 旱涝交替胁迫结束 3～7d 后 T_r 较对照显著（$P<0.05$）增加 23.4%～31.9%，出现超补偿效应，但随着水稻生长发育，补偿效应逐渐降低。LZH－2 旱涝交替胁迫结束后，T_r 逐渐恢复，在 11～13d 后恢复至对照水平，无补偿效应出现。由于旱胁迫对 G_s 的限制超过了对光合速率的限制，HZL－2 和 LZH－2 处理旱胁迫期间水稻 WUE_q 分别较对照显著（$P<0.05$）提高 10.7%～34.6%和23.3%～58.7%（图 4.2d）。HZL－2 处理由旱转涝后水稻 WUE_q 较对照降低5.2%～15.1%，主要是因为 HZL－2 处理由旱转涝后对水稻气孔的补偿效应大于 P_n。在旱涝交替胁迫结束后，LZH－2 处理水稻 WUE_q 略大于对照，而 HZL－2 处理略小于对照。

综上所述，拔节孕穗期前期旱胁迫抑制了水稻光合作用和蒸腾作用；前期涝胁迫促进了水稻蒸腾作用；旱后涝胁迫对水稻光合作用和蒸腾作用有一定超补偿效应；涝后旱胁迫对水稻光合作用和蒸腾作用的影响与前期旱胁迫无明显差别；先涝后旱胁迫提高了后期水稻 P_n、T_r 以及 WUE_q，而先旱后涝胁迫降低了水稻 WUE_q。

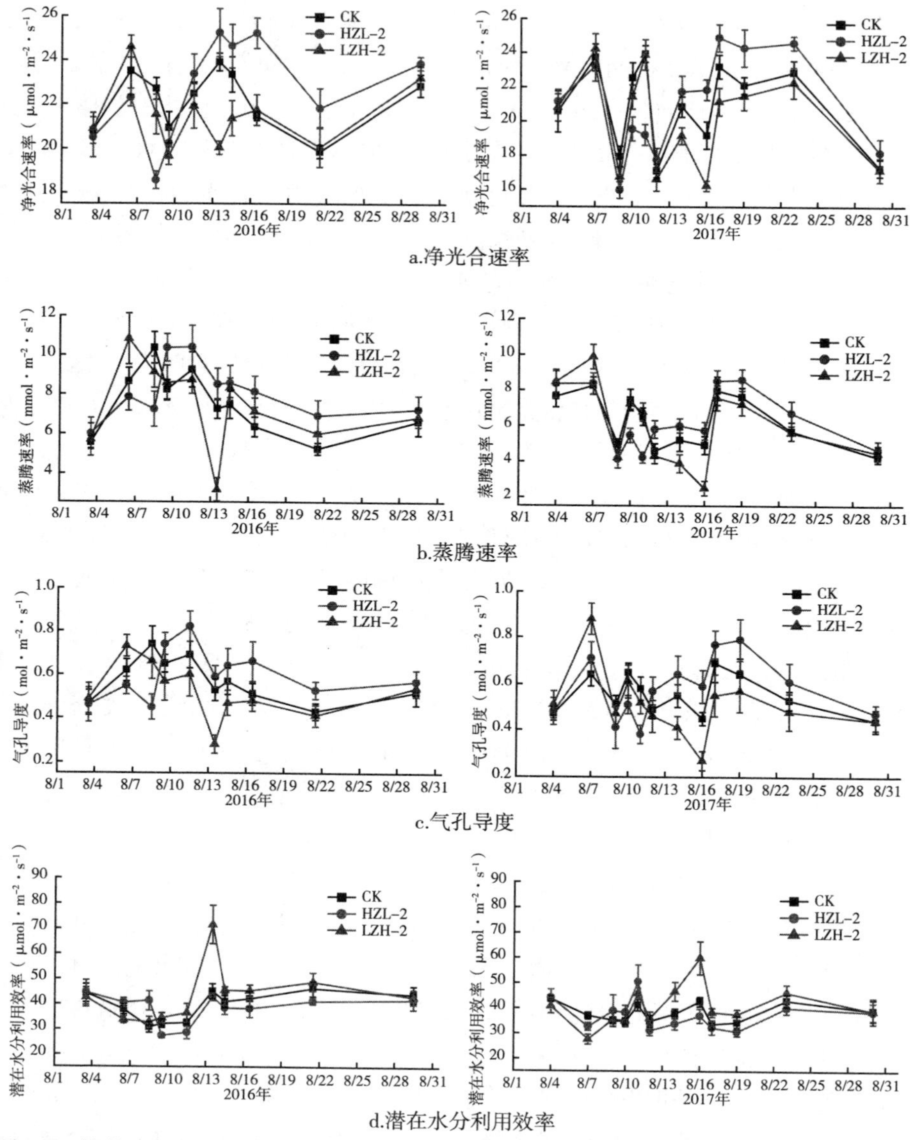

图4.2　拔节孕穗期旱涝交替胁迫水稻光合速率和蒸腾速率指标逐日变化（2016年和2017年）

注：HZL-2处理旱涝急转日期为2016年8月10日和2017年8月12日，旱涝交替胁迫结束日期为2016年8月15日和2017年8月17日；LZH-2处理涝结束日期为2016年8月10日和2017年8月10日，旱涝交替胁迫结束日期为2016年8月15日和2017年8月17日。

4.1.3 抽穗开花期水稻光合速率和蒸腾速率逐日动态变化

抽穗开花期旱涝交替胁迫水稻光合速率和蒸腾速率指标逐日变化见图4.3。由图4.3a可知，抽穗开花期前期旱胁迫水稻 P_n 随着时间的延长降幅逐渐增大，最后（农田水位为－50～－40cm）较对照显著（$P<0.05$）降低14.5%～18.1%。抽穗开花期前期涝胁迫期间对水稻 P_n 无明显影响。HZL-3处理由旱转涝后，P_n 有所恢复，但仍比对照降低4.7%～14.3%，说明抽穗开花期旱后涝胁迫对水稻光合作用有一定补偿效应。LZH-3处理在涝结束后 P_n 与对照无明显差别，而随着水分转入旱胁迫，P_n 降幅逐渐增加，最后较对照显著（$P<0.05$）降低15.2%～24.9%。HZL-3和LZH-3处理旱涝交替胁迫结束后 P_n 分别较对照降低了2.4%～5.9%和3.3%～7.8%，说明抽穗开花期旱涝交替胁迫对后期水稻光合作用产生了抑制作用。由图4.3b和4.3c可知，抽穗开花期 G_s 和 T_r 的变化规律都存在明显的对应性。抽穗开花期水稻 T_r 随着前期旱胁迫时间的延长逐渐下降，最后较对照显著（$P<0.05$）降低32.6%～36.7%。LZH-3处理涝胁迫期间水稻 T_r 较对照增加0.4%～7.3%，说明抽穗开花期前期涝胁迫对水稻蒸腾作用具有促进作用。HZL-3处理由旱转涝后，在涝胁迫初期 T_r 大于对照，涝胁迫后期小于对照，说明抽穗开花期旱后短时间涝胁迫（3d）对水稻蒸腾产生了促进作用，而长时间（5d）涝胁迫产生了抑制作用。LZH-3处理涝胁迫结束后，T_r 逐渐恢复至对照水平，而随着水分转入旱胁迫，差距逐渐增大，最后较对照显著（$P<0.05$）降低55.2%～57.7%。HZL-3和LZH-3处理旱涝交替胁迫结束10d后 T_r 分别较对照降低4.6%～6.5%和2.7%～7.6%，说明抽穗开花期旱涝交替胁迫对后期水稻蒸腾产生了促进作用。由于旱胁迫对 G_s 的限制超过了对光合速率的限制，HZL-3和LZH-3处理旱胁迫期间水稻 WUE_q 分别较对照显著（$P<0.05$）提高17.5%～66.7%和20.3%～69.7%（图4.3d）。由于涝胁迫对 G_s 具有促进作用，LZH-3和HZL-3处理涝胁迫期间水稻 WUE_q 分别较对照降低6.3%～20.5%和4.7%～22.5%。抽穗开花期旱涝交替胁迫结束10d后，水稻 WUE_q 较对照提高0.3%～7.4%。

综上所述，抽穗开花期前期旱胁迫抑制了水稻光合作用和蒸腾作用；前期涝胁迫促进了水稻蒸腾作用；旱后涝胁迫对水稻蒸腾作用有一定补偿效应；涝后旱胁迫对水稻光合作用和蒸腾作用的影响与前期旱胁迫无明显差别；旱涝交替胁迫降低了后期水稻 P_n 和 WUE_q，但提高了 T_r。

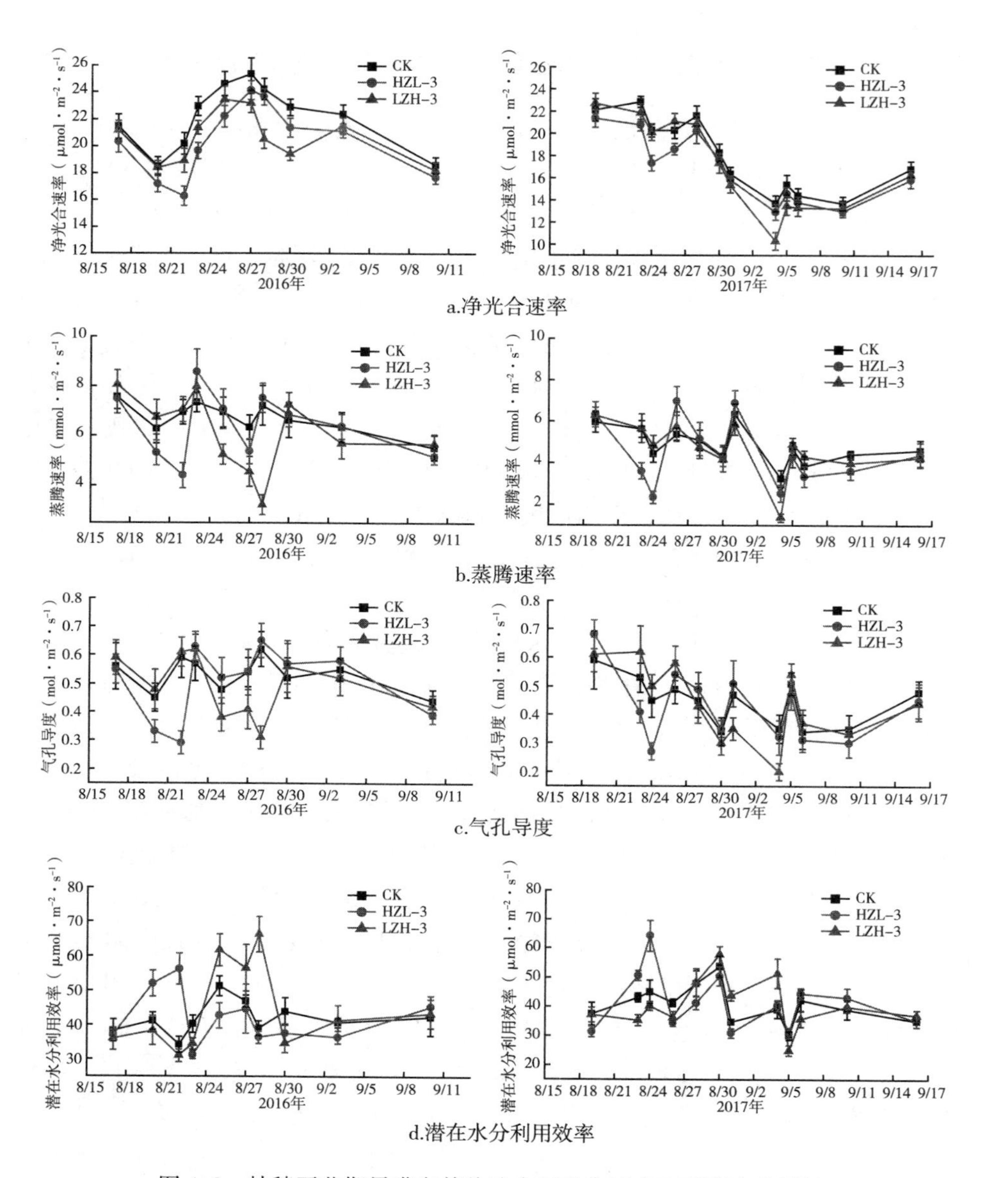

图 4.3　抽穗开花期旱涝交替胁迫水稻光合速率和蒸腾速率指标逐日变化（2016 年和 2017 年）

注：HZL-3 处理旱涝急转日期为 2016 年 8 月 23 日和 2017 年 8 月 26 日，旱涝交替胁迫结束日期为 2016 年 8 月 29 日和 2017 年 8 月 31 日；LZH-3 处理涝结束日期为 2016 年 8 月 23 日和 2017 年 8 月 26 日，旱涝交替胁迫结束日期为 2016 年 8 月 31 日和 2017 年 9 月 6 日。

4.1.4　乳熟期水稻光合速率和蒸腾速率逐日动态变化

乳熟期旱涝交替胁迫水稻光合速率和蒸腾速率指标逐日变化见图 4.4。由图可知，水稻各乳熟期 G_s 与 T_r 变化存在明显的对应性。乳熟期前期旱胁迫水稻 P_n 和 T_r 随着时间的延长降幅逐渐增大，最后（农田水位为－50～－40cm）分别较对照显著（$P<0.05$）降低 14.1％～14.5％和 35.8％～48.2％。乳熟期前期涝胁迫使水稻 P_n 较对照降低 2.4％～14.7。乳熟期前期涝胁迫初期使水稻 T_r 增加，涝胁迫后期（第 5d）显著（$P<0.05$）降低。HZL－4 处理由旱转涝后，P_n 和 T_r 有所恢复，出现补偿效应，但小于对照，且随着水分胁迫时间的延长，与对照的差距逐渐加大。LZH－4 处理涝结束后 P_n 和 T_r 有所恢复，而随着水分消耗转入旱胁迫，逐渐降低，最后显著（$P<0.05$）小于对照。旱涝交替胁迫结束后，P_n 和 T_r 分别较对照降低 5.3％～9.1％和 1.9％～11.5％，随着水稻生长发育进行，差距逐渐缩小。由于旱胁迫对 G_s 的限制超过了对光合速率的限制，HZL－4 和 LZH－4 处理旱胁迫期间水稻 WUE_q 分别较对照显著（$P<0.05$）提高 13.8％～34.0％和 16.8％～22.9％（图 4.4d）。HZL－4 处理由旱转涝后水稻 WUE_q 较对照显著提高 2.8％～25.7％。在旱涝交替胁迫结束后，水稻 WUE_q 与对照变化基本一致。因此，乳熟期前期旱胁迫抑制了水稻光合作用和蒸腾作用；前期涝胁迫抑制了水稻光合作用；旱后涝胁迫对水稻蒸腾作用有一定补偿效应；涝后旱胁迫对水稻光合作用和蒸腾作用的影响与前期旱胁迫无明显差别；旱涝交替胁迫降低了后期水稻 P_n 和 T_r，但对 WUE_q 无明显影响。

4.2　旱涝交替胁迫水稻净光合速率和蒸腾速率日变化

光合作用与蒸腾作用随着影响它们的主要环境因子变换在一天中呈现出明显的日变化规律，总体上均表现为早晨和傍晚较低，中午前后较高的走势。但在不同的水分条件，水稻不同生育阶段光合作用与蒸腾作用的日变化规律也不一致。本章主要研究了旱末（农田水位为－50～－40cm）、旱涝急转当日、涝末、涝结束当日特殊时期水稻光合速率和 T_r 日变化。

4.2.1　分蘖期水稻光合速率和蒸腾速率日变化

分蘖期旱涝交替胁迫水稻 P_n 和 T_r 日变化见图 4.5 和图 4.6。由图 4.5a 和 4.6a 可知，CK 和 HZL－1 处理 P_n 和 T_r 日变化趋势呈现为双峰曲线，其

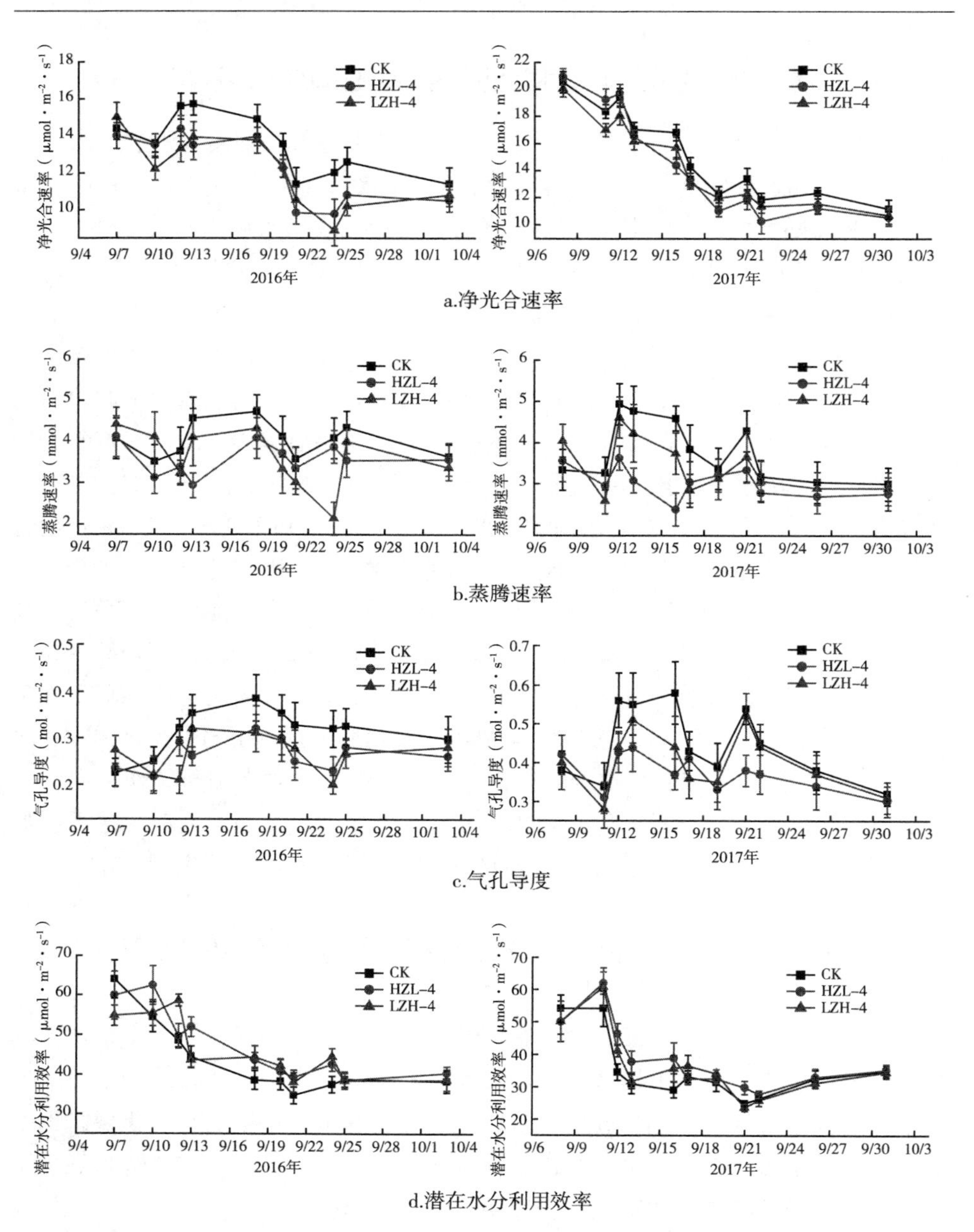

图 4.4 乳熟期旱涝交替胁迫水稻光合速率和蒸腾速率指标逐日变化（2016 年和 2017 年）

注：HZL－4 处理旱涝急转日期为 2016 年 9 月 16 日和 2017 年 9 月 17 日，旱涝交替胁迫结束日期为 2016 年 9 月 21 日和 2017 年 9 月 22 日；LZH－4 处理涝结束日期为 2016 年 9 月 13 日和 2017 年 9 月 12 日，旱涝交替胁迫结束日期为 2016 年 9 月 25 日和 2017 年 9 月 19 日。

中分蘖期旱胁迫水稻 P_n 和 T_r 曲线展现的是晴天典型水稻叶片水分亏缺条件下发生“午休”现象的日变化过程。CK 处理 P_n 在 12：00 和 14：00 达到全天最高值，HZL－1 处理在 14：00 达到最高值，CK 处理 P_n 最高值显著（$P<0.05$）大于 HZL－1 处理。HZL－1 处理 P_n 与 T_r 均在上午 11：00 达到第一个峰值，随后 P_n 和 T_r 急剧下降，在中午 12：00 达到最低值，原因主要是为防止水稻叶片过分失水导致叶片 G_s 减小（王矿等，2016b）。与 CK 处理相比，HZL－1 处理 P_n 和 T_r 下降速度一致，因为水分亏缺加重了光抑制的程度，同时加上高温使酶活性降低（Zhou et al.，2007；赵玉国等，2011），多种因素的联合作用致使 HZL－1 处理光合速率、T_r 随着气孔的关闭同步下降。CK 和 HZL－1 处理 T_r 在 12：00 降至低谷后，为防止高温灼伤叶片，气孔再次打开，T_r 迅速增加，在 13：00 达到峰值，而光合速率继续降低或保持较低的值，在 14：00 达到 P_n 第二个峰值，说明叶片 P_n 的恢复滞后于 T_r，因为只有叶片水分蒸散后才能有效地控制叶片温度，恢复叶片光合相关酶的活性。

由图 4.5b 和 4.6b 可知，CK 处理水稻 P_n 日变化呈现为平峰曲线和双峰曲线，T_r 日变化呈现为双峰曲线。LZH－1 处理水稻 P_n 呈现为平峰曲线和单峰曲线，T_r 呈现为单峰曲线和双峰曲线。CK 处理 P_n 在 2016 年 11：00 达到全天最高值，并一直维持到 13：00，主要是这段时间内，由于天气为多云，光合有效辐射稳定在一定范围，气温又较为适宜，有利于气孔的开张和 CO_2 的吸收，能够为水稻光合提供一个良好的环境，从而保持高光合特性。LZH－1 处理 P_n 在 2016 年 11：00 至 13：00 缓慢上升，在 13：00 达到最高值，这主要是由于 LZH－1 处理随着气温升高，G_s 逐渐增加，T_r 逐渐上升，为水稻提供了适宜的叶片温度和逐渐增强的 CO_2 吸收能力，导致 P_n 上升（周宁等，2017）。在 2017 年，上午随着光照增强和温度升高，CK 和 LZH－1 处理 T_r 与 P_n 均迅速升高，T_r 在 10：30 达到第一个峰值，随后为减少水分过度散失，叶片通过气孔自动调节，使 T_r 降低。在 11：00—12：00，CK 处理水稻叶片 T_r 的下降幅度显著（$P<0.05$）大于 LZH－1 处理，这主要是由于涝胁迫水稻水分供应充足，使其可以保持较高的 T_r 水平。同时从图 4.5b 和 4.6b 可见，在 T_r 下降的期间（2017 年 11：00～12：00），CK 和 LZH－1 处理 P_n 略有增加，原因是气孔部分关闭或不均匀关闭后，叶片利用已经吸收 CO_2（胞间 CO_2）和未关闭气孔吸收 CO_2 继续进行光合作用（Giuliani et al.，2013）。2017 年 12：00 以后，随着气温的不断升高，高温成为光合速率与蒸腾速率的主要影响因子。一方面，高温使叶片细胞内光合所需酶的活性降低，导致光合

速率迅速下降；另一方面，为了防止高温灼伤叶片，关闭的气孔再次打开，增加蒸腾水分散失，以降低叶片温度。13：00 左右 T_r 达到全天的最高值，由于蒸腾失水降低了叶温，以及气孔扩张增加了 CO_2 的吸收，使得 13：00—14：00 P_n 维持较高的值。在 14：00 以后，随着光合辐射强度逐渐减弱和温度回落，T_r 和 P_n 同步降低。

由图 4.5c 和 4.6c 可知，CK 处理水稻 P_n 和 T_r 日变化呈现为双峰曲线。HZL-1 处理水稻 P_n 日变化呈现为平峰曲线，T_r 呈现为单峰曲线。CK 处理 P_n 在 2016 年 12：00—13：00 和 2017 年 11：00—12：00 出现了下降现象，而 HZL-1 处理略有上升，原因是 CK 处理为减少水分过度散失，出现了“光合午休”现象，而 HZL-1 处理水分胁迫在旱涝急转当日，水分供应充足，可以保持较高的 T_r 水平，从而降低了叶片温度，维持了较高的叶片光合作用。除 11：00—13：00 HZL-1 处理 P_n 和 T_r 大于 CK 外，其他时段内 CK 处理 P_n 和 T_r 大于 HZL-1，原因可能是分蘖期前期旱胁迫对水稻根系、叶绿素、光合相关酶活性产生了不利的影响，这些不利影响在水分胁迫由旱转涝后不能立即恢复，导致在正常光照和温度条件下水稻 P_n 和 T_r 降低。

由图 4.5d 和 4.6d 可知，CK 和 LZH-1 处理 P_n 日变化呈现为双峰曲线和单峰曲线，T_r 呈现为双峰曲线和平峰曲线。CK 和 LZH-1 处理 P_n 和 T_r 日变化过程总体趋势一致，LZH-1 处理 P_n 在 7：00—15：00 小于 CK。

综上所述，分蘖期旱胁迫水稻光合作用和蒸腾作用午间出现“午休”现象，P_n 最大值较对照显著降低（$P<0.05$）；涝胁迫 P_n 和 T_r 增速较低，最大值出现时间较对照延迟且降低；旱涝急转当日水稻光合作用和蒸腾作用午间无“午休”现象，全天大部分时段 P_n 和 T_r 较对照降低；涝结束当日水稻 P_n 和 T_r 变化趋势与对照相似，且全天大部分时段小于对照。

4.2.2 拔节孕穗期水稻光合速率和蒸腾速率日变化

拔节孕穗期旱涝交替胁迫水稻 P_n 和 T_r 日变化见图 4.7 和图 4.8。由图 4.7a 和 4.8a 可知，CK 处理 P_n 和 T_r 日变化呈现为单峰曲线和双峰曲线，HZL-2 处理 P_n 和 T_r 日变化均呈现为双峰曲线。CK 处理在 2016 年 10：00 和 2017 年 11：00 P_n 大于 HZL-2，并达到全天最高值，HZL-2 处理也达到第一个峰值。CK 处理 P_n 在 2016 年 10：00—11：00 出现下降，随后在 11：00—14：00 保持在较高水平，而 HZL-2 处理 P_n 在 10：00 开始下降，在 12：00 到达谷底，随后开始上升，在 14：00 达全天最高值。CK 和 HZL-2 处理均在 2017

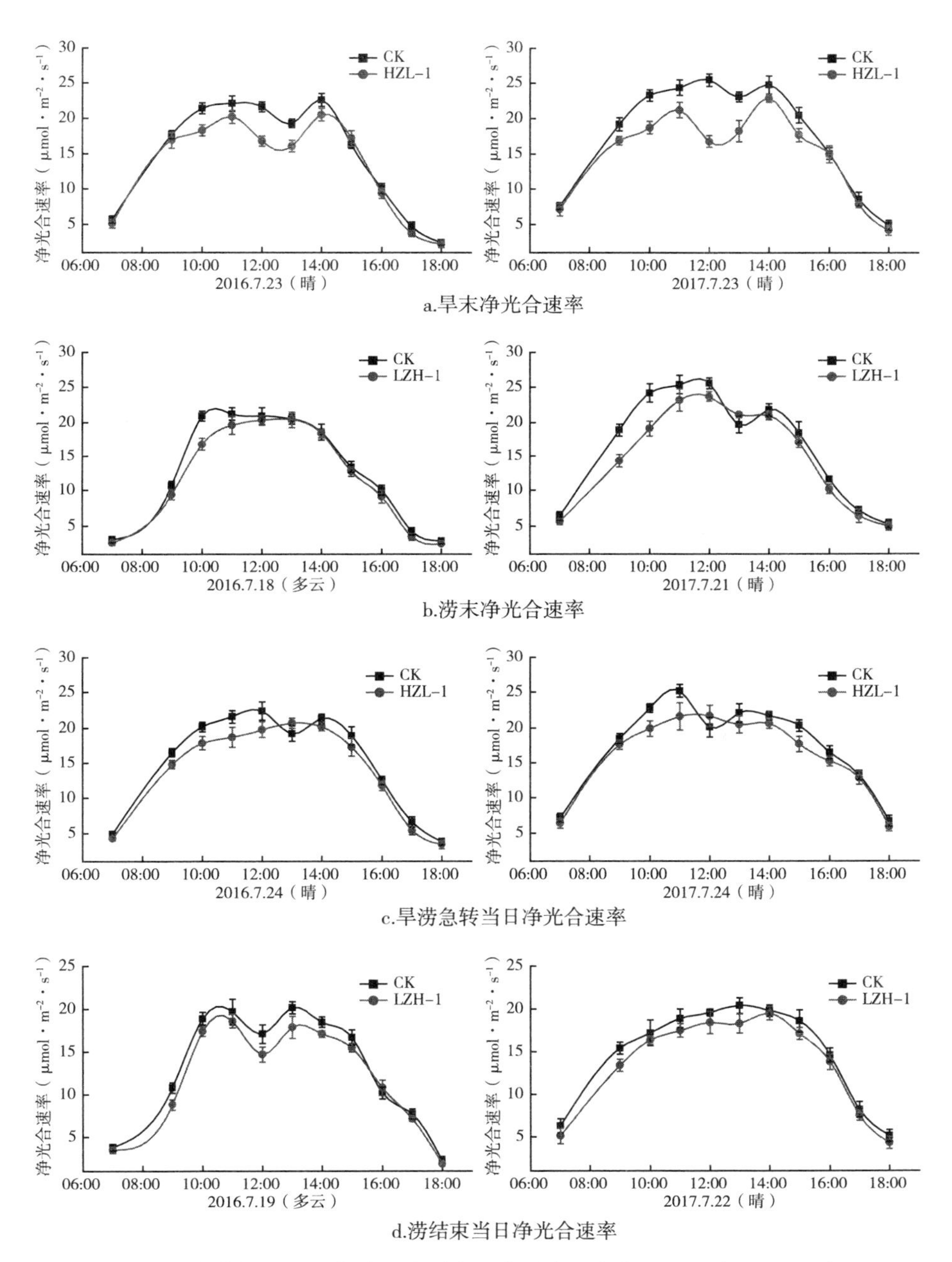

图 4.5　分蘖期旱涝交替胁迫水稻净光合速率日变化（2016 年和 2017 年）

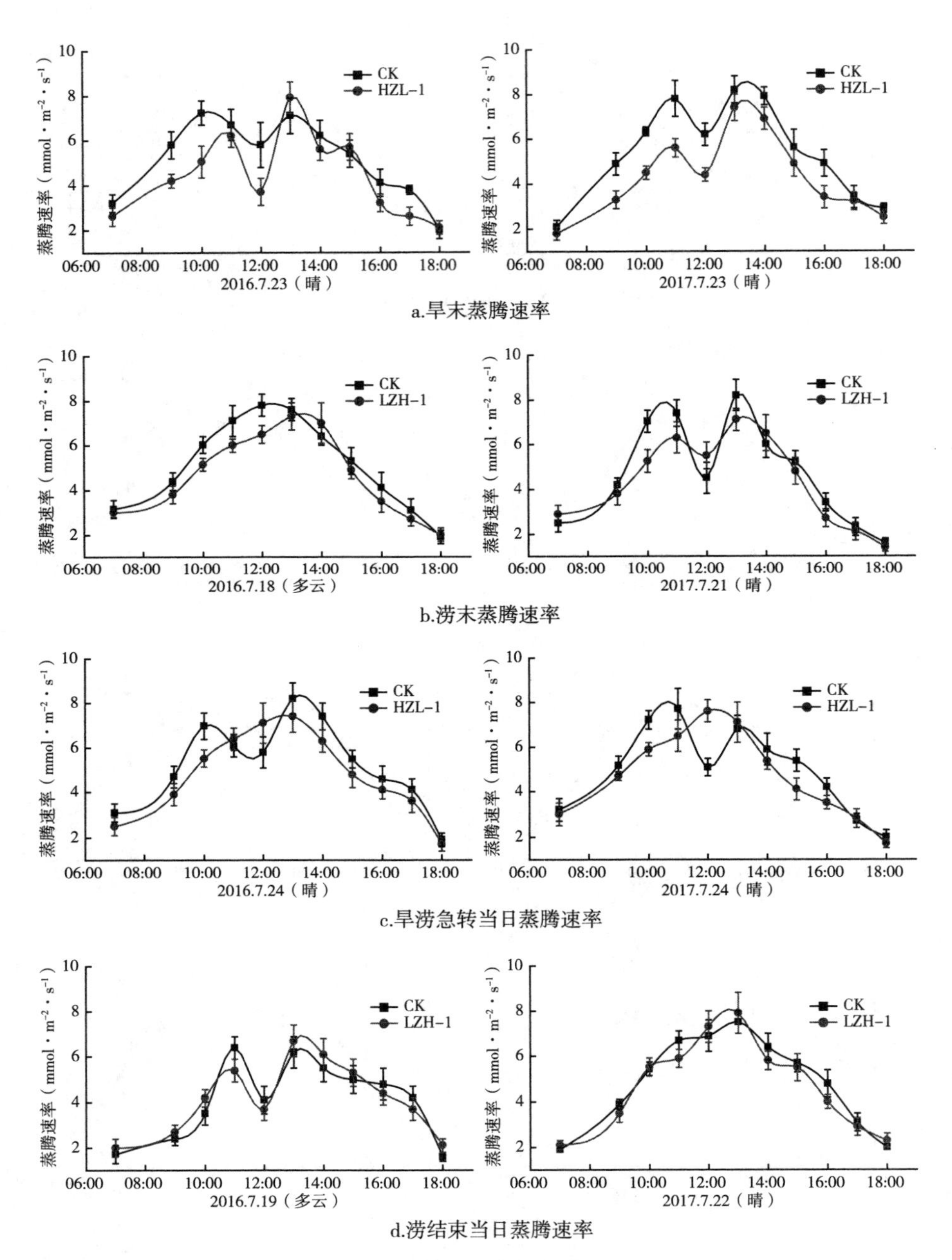

图 4.6 分蘖期旱涝交替胁迫水稻蒸腾速率日变化（2016 年和 2017 年）

年 11：00 开始下降，但 CK 处理在 12：00 达到谷底，随后又开始上升，在 13：00达到第二个峰值，而 HZL－2 处理在 13：00 达到谷底，随后开始上升，在 14：00 达到全天最高值。CK 和 HZL－2 处理 T_r 变化趋势基本和 P_n 变化趋势一致。HZL－2 处理 P_n 和 T_r 小于 CK。因此，各处理 P_n 午间均出现降低，且受旱处理下降幅度较大；CK 处理 P_n 在 9：00～13：00 时段内高于受旱处理，但受旱处理在 13：00～15：00 部分时段内 P_n 会有所反弹，超过 CK。

由图 4.7b 和 4.8b 可知，CK 和 LZH－2 处理 P_n 和 T_r 日变化均呈现为单峰曲线。LZH－2 处理随着光合辐射的增强和气温的升高，P_n 逐渐增加，在 13：00 达到全天最高值。LZH－2 处理 P_n 在 2016 年 10：30—15：00，2017 年 11：00—16：00 大于 CK，其中部分时段差别显著（$P<0.05$）。此外，LZH－2 处理 P_n 和 T_r 达到全天最高值的时间较 CK 延后，且最高值均大于 CK。产生上述现象的主要原因是拔节孕穗期水稻耐涝能力较强，充足的水分供应使水稻在高温下也能保持较高的 G_s，从而导致涝胁迫水稻在午间能够保持高的 P_n 和 T_r。

由图 4.7c 和 4.8c 可知，CK 处理 P_n 和 T_r 均呈现为双峰曲线，而 HZL－2 处理 P_n 和 T_r 均呈现为单峰曲线。CK 和 HZL－2 处理随着光合辐射的增强和气温的升高，CK 处理在 11：00 达到第一个峰值，随后出现了“光合午休”现象，而 HZL－2 处理继续上升，在 13：00 达到全天最高值。CK 和 HZL－2 处理 T_r 变化趋势基本和 P_n 一致。HZL－2 处理 P_n 在 7：00—9：00 略小于 CK，在 11：00—16：00 大于 CK，16：00—18：00 基本相等；T_r 在9：00—16：00 大于 CK，说明拔节孕穗期由旱转涝 4h 后水稻 P_n 出现超补偿效应，T_r 在 1h 后出现超补偿效应。因此，水稻在由旱胁迫急转为涝胁迫后 T_r 较 P_n 更易出现超补偿效应。

由图 4.7d 和 4.8d 可知，CK 和 LZH－2 处理 P_n 和 T_r 日变化均呈现为双峰曲线。各处理的日变化过程总体趋势基本一致，P_n 在 2016 年和 2017 年 11：00达到第一个峰值，在 2016 年 13：00 和 2017 年14：00达到第二个峰值；T_r 在 2016 年和 2017 年 10：00 达到第一个峰值，在 13：00 达到第二个峰值，T_r 峰值出现时间较 P_n 早。LZH－2 处理 P_n 在 2016 年 12：00 和 2017 年 14：00之前小于 CK，T_r 在 2016 年 10：00 和 2017 年 12：00 之前也小于 CK，说明拔节孕穗期水稻在涝胁迫结束 4—6h 后 P_n 恢复正常水平，T_r 在 2—4h 后恢复。因此，水稻在涝胁迫后 T_r 较 P_n 更易恢复。

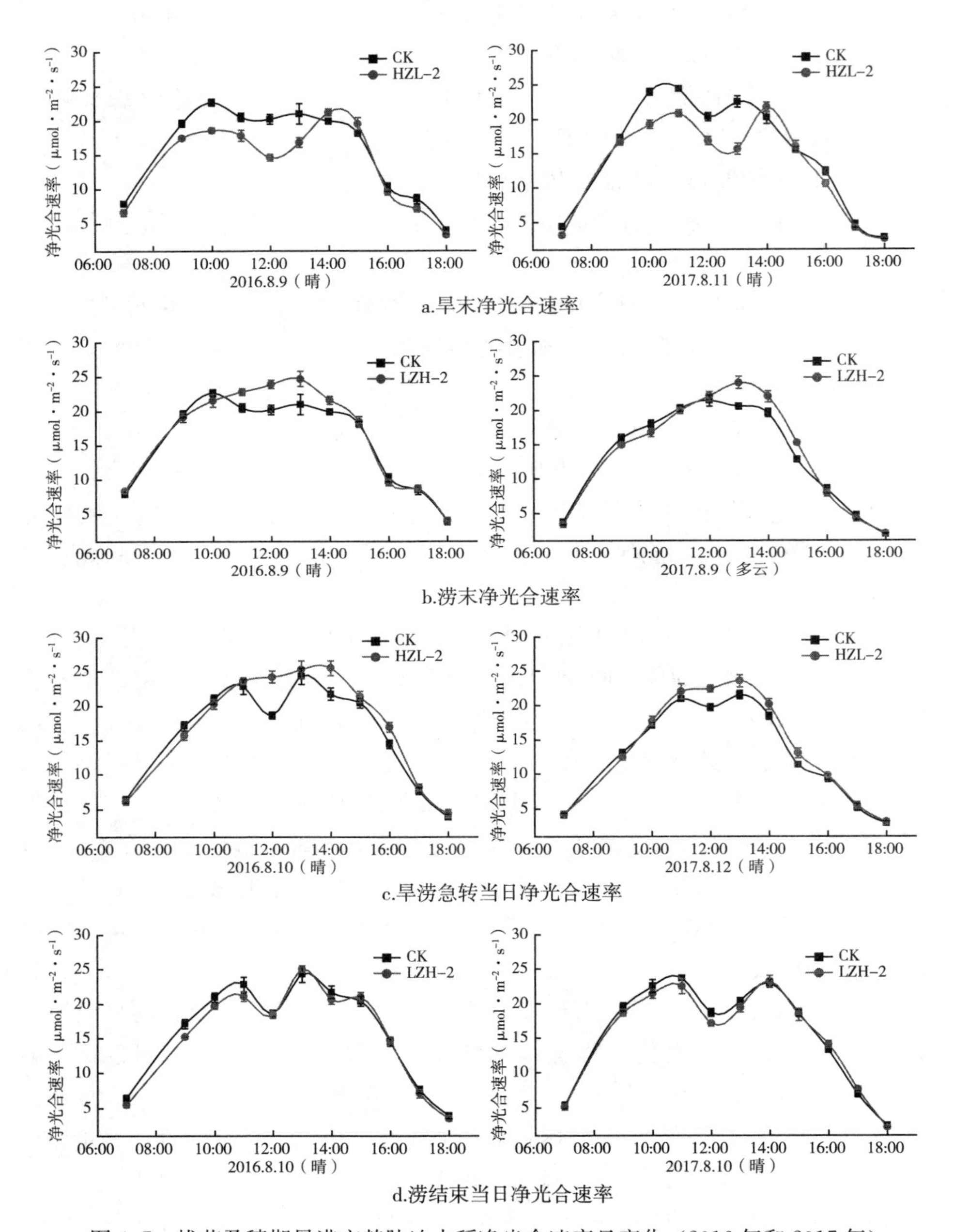

图 4.7　拔节孕穗期旱涝交替胁迫水稻净光合速率日变化（2016 年和 2017 年）

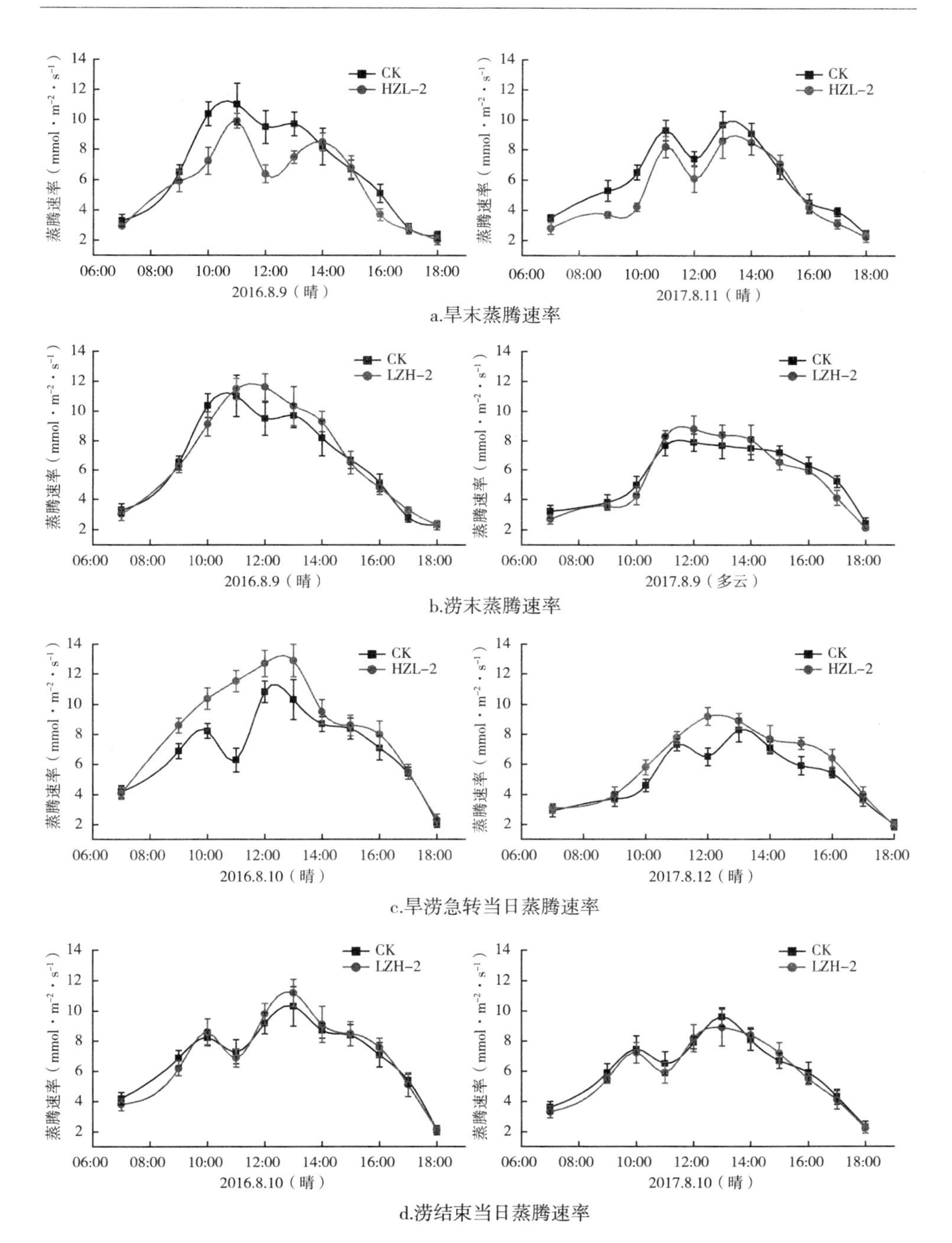

图 4.8　拔节孕穗期旱涝交替胁迫水稻蒸腾速率日变化（2016 年和 2017 年）

综上所述，拔节孕穗期旱胁迫水稻光合作用和蒸腾作用午间出现“午休”现象，P_n 和 T_r 较对照降低；涝胁迫 P_n 和 T_r 增速较低，最大值出现时间较对照延迟但明显增加；旱涝急转当日水稻光合作用和蒸腾作用午间无“午休”现象，全天大部分时段 P_n 和 T_r 较对照增加；涝结束当日水稻 P_n 和 T_r 变化趋势与对照相似，且全天大部分时段与对照接近。

4.2.3 抽穗开花期水稻光合速率和蒸腾速率日变化

抽穗开花期旱涝交替胁迫水稻 P_n 和 T_r 日变化见图 4.9 和图 4.10（因在 2017 年 8 月 25 日涝胁迫和旱胁迫最后 1d 出现降雨，根据天气预报，提前 1d 进行了光合观测）。由图 4.9a 和 4.10a 可知，CK 处理 P_n 和 T_r 呈现为双峰曲线（2016 年）和单峰曲线（2017 年）。HZL－3 与 CK 处理 P_n 和 T_r 呈现出基本同步一致规律，层次也很明确，HZL－3 处理全天 P_n 和 T_r 小于 CK。HZL－3 和 CK 处理 P_n 均出现“午休”现象。LZH－3 处理 P_n 和 T_r 在 11：00—14：00大部分时段大于 CK。

由图 4.9b 和 4.10b 可知，CK 和 LZH－3 处理 P_n 呈现为单峰曲线（2016 年）和双峰曲线（2017 年），T_r 呈现为双峰曲线（2016 年和 2017 年）。HZL－3 处理 P_n 呈现为平峰曲线，T_r 呈现为单峰曲线。LZH－3 与 CK 处理 P_n 和 T_r 日变化趋势基本同步。LZH－3 处理 P_n 在 2016 年 7：00—12：00 和 2017 年 7：00—9：30 小于 CK，在 2016 年 12：00—18：00 和 2017 年 9：30—18：00 与 CK 相近；T_r 则出现“交错”现象。HZL－3 处理 P_n 在全天大部分时段小于 CK，而 T_r 结果与之相反，原因是抽穗开花期旱胁迫对水稻光合相关酶活性产生了不利的影响，这些不利影响在水分胁迫由旱转涝后不能迅速恢复。

综上所述，抽穗开花期旱胁迫水稻光合作用和蒸腾作用午间出现“午休”现象，P_n 和 T_r 较对照降低；涝胁迫 P_n 和 T_r 增速较低，最大值出现时间较对照延迟但明显增加；旱涝急转当日水稻光合作用和蒸腾作用午间无“午休”现象，全天大部分时段 P_n 和 T_r 较对照降低；涝结束当日水稻 P_n 和 T_r 变化趋势与对照相似，且全天大部分时段与对照接近。

4.2.4 乳熟期水稻光合速率和蒸腾速率日变化

乳熟期旱涝交替胁迫水稻 P_n 和 T_r 日变化见图 4.11 和图 4.12（2016 年 9 月 14 日出现降雨，旱转涝当日水稻 P_n 和 T_r 未观测）。进入到乳熟期，水稻叶片已经开始逐渐衰老，生理功能也随之减退，P_n 与 T_r 整体上较前三个生育

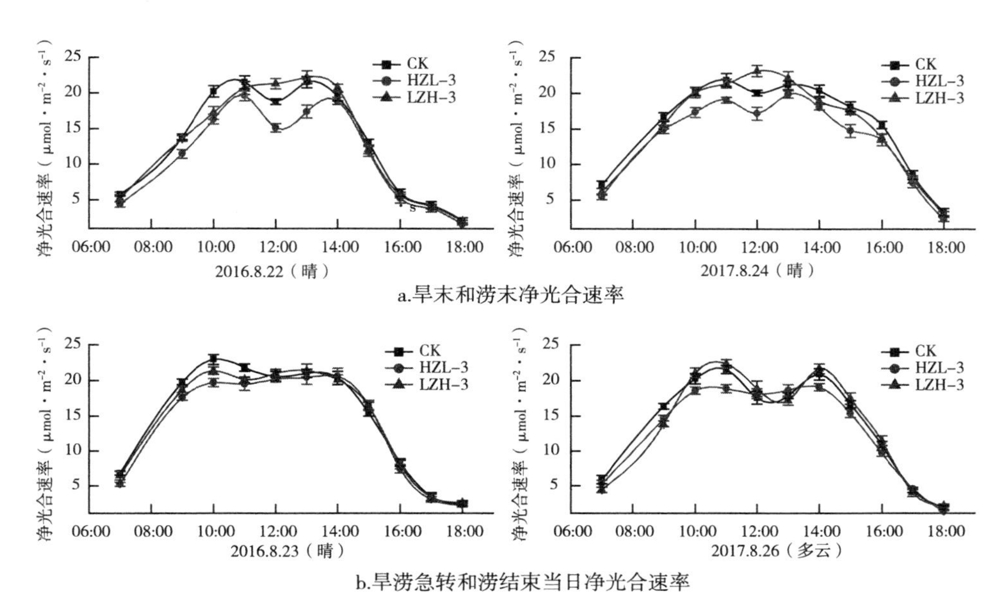

图 4.9　抽穗开花期旱涝交替胁迫水稻净光合速率日变化（2016 年和 2017 年）

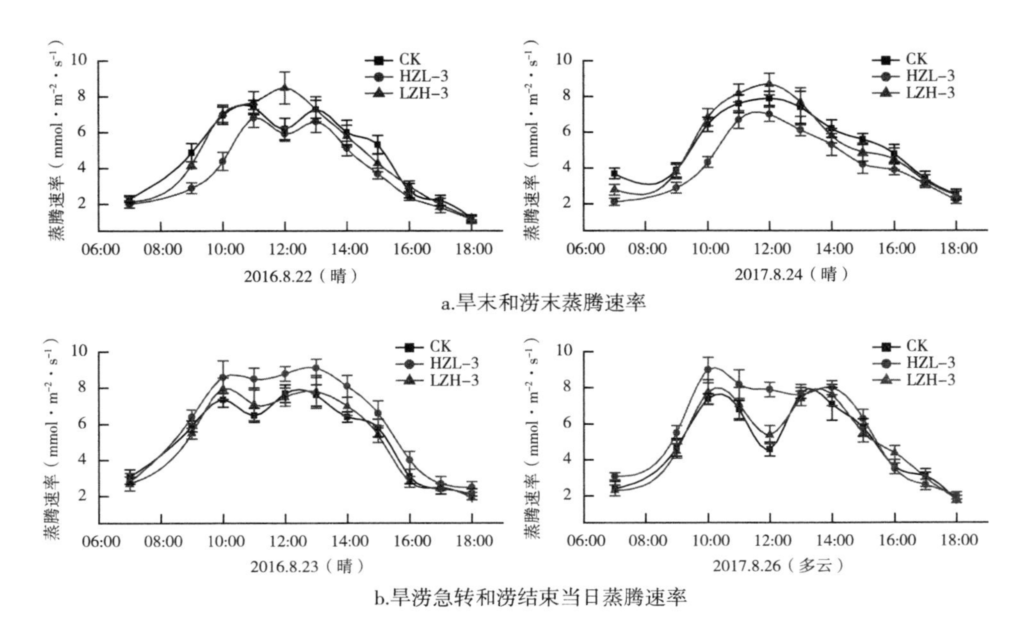

图 4.10　抽穗开花期旱涝交替胁迫水稻蒸腾速率日变化（2016 年和 2017 年）

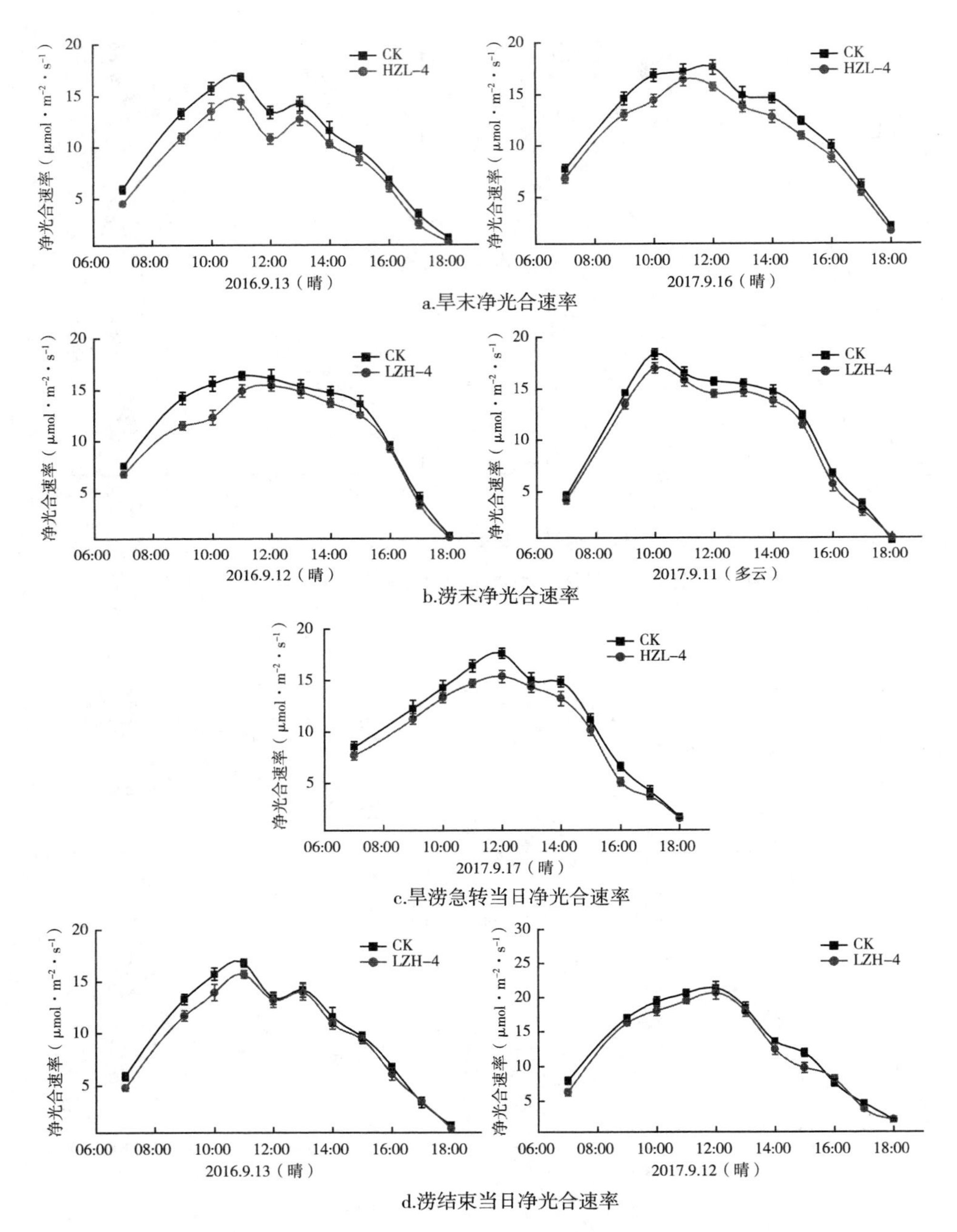

图 4.11　乳熟期旱涝交替胁迫水稻净光合速率日变化（2016 年和 2017 年）

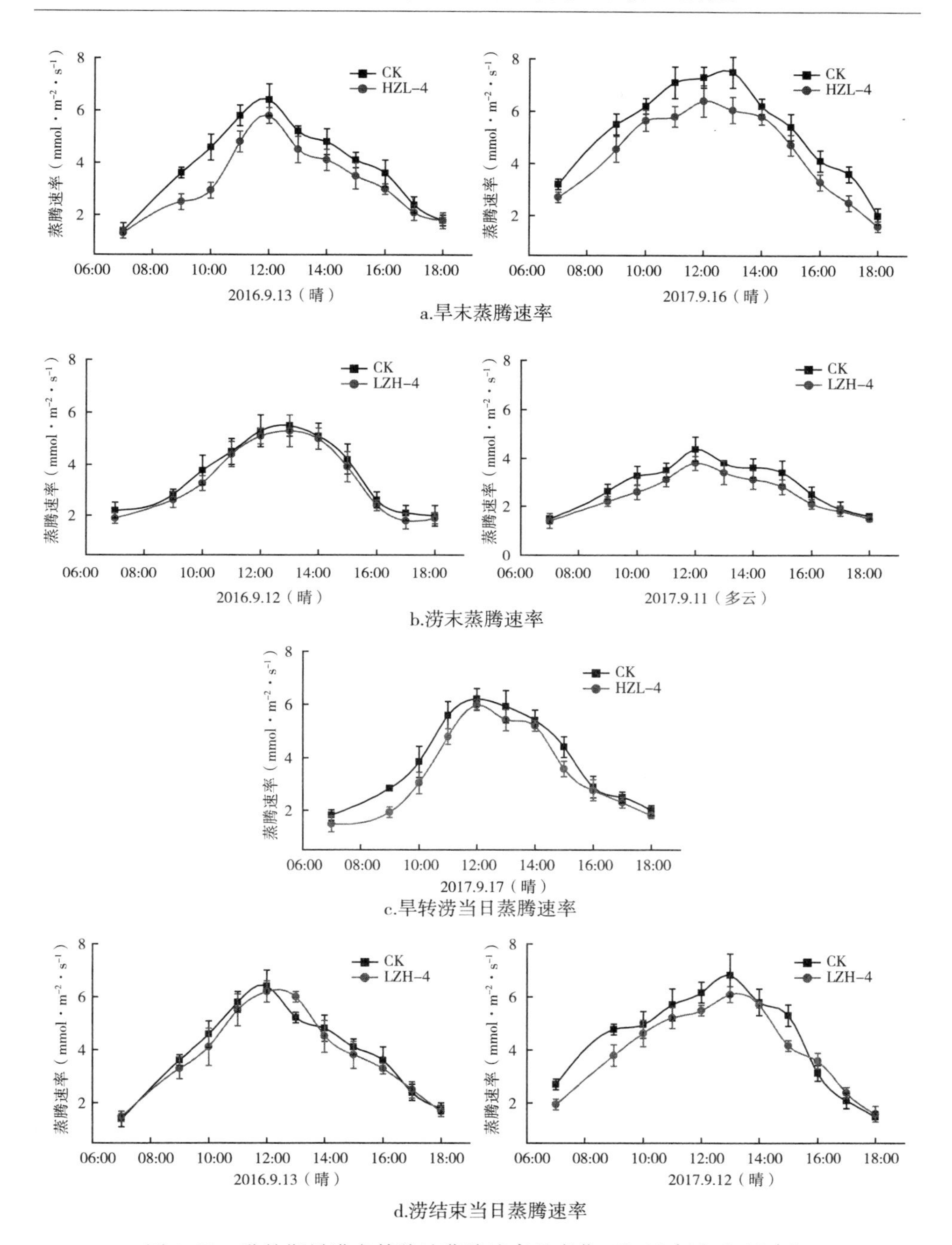

图 4.12　乳熟期旱涝交替胁迫蒸腾速率日变化（2016 年和 2017 年）

期低。由图4.11a和4.12a可知，CK和HZL-4处理P_n呈现双峰曲线（2016年）和单峰曲线（2017年），T_r呈现单峰曲线（2016年和2017年）。CK和HZL-4处理P_n在2016年11：00达到全天最高值，之后迅速在12：00降低至谷底，在13：00又出现小幅上升，最后随着光强的减弱与气温回落逐渐下降；HZL-4处理在2017年11：00达到全天最高值，CK在12：00达到，之后持续下降至18：00。CK和HZL-4处理T_r日变化基本与P_n日变化趋势一致。此外，HZL-4处理P_n和T_r全天均小于CK，其中部分时段差别显著（$P<0.05$）。

由图4.11b和4.12b可知，CK和LZH-4处理P_n和T_r日变化呈现为单峰曲线。各处理P_n和T_r日变化趋势基本一致。CK和LZH-4处理P_n和T_r在10：00—13：00达到最高值，之后开始下降。此外，LZH-4处理P_n和T_r全天均小于CK，其中部分时段差别显著（$P<0.05$）。

由图4.11c和4.12c可知，CK和HZL-4处理P_n和T_r日变化均呈现为单峰曲线。CK和HZL-4处理P_n和T_r均在12：00达到全天最高值，其中CK处理P_n全天最高值显著大于HZL-4。此外，HZL-4处理P_n和T_r速率全天均小于CK，其中部分时段差别显著（$P<0.05$）。

由图4.11d和4.12d可知，CK和LZH-4处理P_n日变化呈现为双峰曲线（2016年）和单峰曲线（2017年），T_r均呈现为单峰曲线（2016年和2017年）。各处理P_n和T_r日变化趋势基本一致。CK和LZH-4处理P_n和T_r日变化趋势。LZH-4处理P_n全天均小于CK，而T_r下午有小部分时段大于CK，其他时段均小于CK。

综上所述，乳熟期旱胁迫水稻光合作用和蒸腾作用午间出现“午休”现象，P_n和T_r较对照降低；涝胁迫全天P_n和T_r较对照降低；旱涝急转当日水稻光合作用和蒸腾作用午间无“午休”现象，全天P_n和T_r较对照降低；涝结束当日水稻P_n和T_r变化趋势与对照相似，且全天小于对照。

4.3 本章小结

本章分析了控制灌排条件下旱涝交替胁迫水稻各生育期光合作用和蒸腾作用的变化规律，得到以下结论：

（1）各生育期旱胁迫均抑制了水稻光合作用和蒸腾作用

P_n和T_r较对照降低，低农田水位（$-50\sim-40$cm）时分别显著（$P<$

0.05）降低 14.5%～21.3%和 28.6%～50.9%。分蘖期和乳熟期前期长时间（5d）涝胁迫抑制了水稻光合作用和蒸腾作用；拔节孕穗期前期短时间（3d）涝胁迫促进了水稻光合作用，长时间（5d）涝胁迫抑制了蒸腾作用；抽穗开花期前期涝胁迫对光合作用无明显影响，而促进了水稻光蒸腾作用。分蘖期和乳熟期旱后涝胁迫对水稻光合作用和蒸腾作用产生补偿效应，P_n 和 T_r 有所恢复，但仍小于对照；拔节孕穗期旱后涝胁迫对水稻光合作用和蒸腾作用产生超补偿效应，P_n 和 T_r 分别较对照增加 5.5%～13.8%和 12.5%～28.4%；抽穗开花期旱后涝胁迫 1～3d 对水稻蒸腾作用产生超补偿效应，而对光合作用产生补偿效应。分蘖期旱涝交替胁迫对后期水稻光合作用产生超补偿效应，P_n 较对照增加 2.9%～8.2%，抑制了后期水稻蒸腾作用；拔节孕穗期先旱后涝胁迫对后期水稻光合作用和蒸腾作用产生超补偿效应，P_n 和 T_r 分别较对照增加 10.0%～17.0%和 23.4%～31.9%；而先涝后旱胁迫无超补偿效应；抽穗开花期和乳熟期旱涝交替胁迫抑制了后期水稻光合作用和蒸腾作用。

（2）各生育期前期旱胁迫水稻 WUE_q 较对照显著提高 10.7%～83.6%

分蘖期、乳熟期旱后涝胁迫提高了水稻 WUE_q，而拔节孕穗期、抽穗开花期旱后涝胁迫降低了水稻 WUE_q。分蘖期和抽穗开花期旱涝交替胁迫使后期水稻 WUE_q 分别较对照增加 6.1%～7.7%和 0.3%～7.4%；拔节孕穗期先旱后涝胁迫使后期水稻 WUE_q 略有降低，而先涝后旱胁迫略有提高；乳熟期旱涝交替胁迫对后期水稻 WUE_q 无明显影响。

（3）除乳熟期，其他生育期前期旱胁迫水稻 P_n 和 T_r 日变化曲线基本呈双峰形态

P_n 和 T_r 随光合有效辐射增强和温度的升高而迅速增大，P_n 和 T_r 在 11：00和 13：00 左右达到峰值，在 12：00 左右达到谷底，出现“午休”现象。各生育期前期旱胁迫水稻 P_n 最大值较对照降低。各生育期前期涝胁迫水稻 P_n 和 T_r 日变化曲线基本呈单峰形态，此外，涝胁迫造成水稻对环境反应的迟钝，各生育期 P_n 和 T_r 增速较低，峰值出现时间较对照延迟，其中拔节孕穗期和抽穗开花期 P_n 和 T_r 最大值得到提高，分蘖期和乳熟期降低。水稻各生育期旱涝急转当日 P_n 和 T_r 日变化曲线呈平峰或单峰形态，午间无“午休”现象，分蘖期、抽穗开花期、乳熟期全天大部分时段小于对照，而拔节孕穗期全天大部分时段 P_n 和 T_r 较对照增加。涝结束当日水稻各生育期 P_n 和 T_r 日变化曲线与对照相似，呈现单峰或双峰形态。

第五章　控制灌排条件下旱涝交替胁迫水稻需水特性

农田地下水位较浅时，地下水与土壤水关联密切，交换频繁。由于地下水位较浅，地下水与土壤水相互之间的交换十分积极，其水分交换是双向的、动态的（朱红艳，2014）。农作物对地下水的利用易受到地下水位埋深的影响，地下水位埋深越浅，越利于作物吸收；地下水位埋深越深，越不利作物吸收利用，从而增加灌水量（刘战东等，2010）。当水稻受到干旱胁迫的时候，稻田地下水位较深，对上层土壤水分的补给减少，根区和水分输送区的水分降低，引起植株根系缺水，导致水稻各个部位水分需求得不到满足，从而影响植株生长；当稻田地下水位较浅，土壤含水量接近或达到饱和，水稻根系需水量获得满足，能促进植株生长，但不利于根系的通气状况。因此，研究不同控制灌排条件下农田水位调控稻田土壤含水量的变化，为合理制定控制灌排标准奠定基础。

水稻本身具有一定抗涝和抗旱能力，此外，由于水稻不同的生长发育阶段对水分的敏感程度不同，不同的灌溉排水方式会导致水稻各生育阶段的需水量发生变化（Shao et al.，2014）。适当地进行一定程度的干旱胁迫，可以对水稻群体高产起到积极作用。然而不合理的灌溉排水方式会致使大量有效养分的流失，导致养分利用率大幅降低。因此，研究不同灌溉排水方式下水稻需水变化规律，无论是对水稻本身的生产，还是对水资源的保护与合理利用，都具有重要参考意义。国内外关于水稻需水变化规律的研究成果较多，长期以来人们的研究重心主要集中在灌水技术以及灌溉制度方面，相继得出了不同节水灌溉条件下的水稻需水变化规律，极大地提高了水稻水分利用效率（彭世彰等，2014）。但是这些研究主要涉及前期的受旱或受涝胁迫对水稻需水变化规律的影响，与控制灌排条件下旱涝交替胁迫水稻需水变化规律差异较大，其成果难以指导水稻控制灌排实际应用。研究不同生育期旱涝交替胁迫水稻的需水变化规律，探求控制灌排条件下旱涝交替胁迫水稻的需水特性，意在进一步完善水稻灌排理论，更好地制定节水、减排、高产的水稻灌排策略。

5.1 控制灌排条件下稻田土壤水分变化特征

稻田土壤水与浅层地下水的主要来源为降雨和灌溉，其消耗于田间渗漏、棵间蒸发以及水稻蒸腾。在稻田处于无水层状况，且土壤含水量高于田间持水量时，此时土壤水不仅向上蒸腾蒸发，而且又向下补给地下水；在土壤含水量低于田间持水量时，浅层地下水则利用土壤毛细管向上补给土壤水。因此，稻田土壤水与浅层地下水在垂向的运动中，具有比较紧密的水力关系。

5.1.1 各生育期土壤水分变化特征

田面无水层时，受作物吸收、田间渗漏、土壤蒸发等作用影响，0～20cm 和 20～40cm 非饱和土层的土壤含水量均随地下水位的下降而降低（图 5.1）。由图 5.1 可以看出，当地下水位为 50cm 时，分蘖期、拔节孕穗期、抽穗开花期和乳熟期的 0～20cm 土壤含水量在 2015 年分别为饱和含水量的 65.06%、61.41%、59.90%、71.40%，在 2016 年分别为饱和含水量的 69.50%、65.00%、61.66%、72.43%；分蘖期、拔节孕穗期、抽穗开花期和乳熟期的 20～40cm 土壤在 2015 年分别为饱和含水量的 76.78%、75.01%、74.00%和 75.57%，在 2016 年分别为饱和含水量的 78.52%、75.71%、74.32%、79.01%。非饱和土层土壤含水量随着地下水位埋深的增加，总体下降趋势变缓。一方面是因为表层土壤蒸发量随着地下水位埋深增加而降低，另一方面，易被水稻吸收利用的土壤水主要是饱和含水量（非毛管孔隙水）与田间持水量（毛管孔隙水）之间的水分，而当土壤含水量下降到低于田间持水量时，产生一定程度的水分胁迫，作物对水分的吸收速度下降（陶长生等，2000）。当地下水位埋深相同时，各生育期 0～20cm 非饱和土层土壤含水量大小依次是乳熟期、分蘖期、拔节孕穗期、抽穗开花期；拔节孕穗期、抽穗开花期 20～40cm 非饱和土层土壤含水量小于分蘖期和乳熟期。这主要是因为乳熟期稻田温度较低，且处于水稻生长末期，对水分需求不强，而抽穗开花期水稻生殖生长迅速，干物质累积明显，同时由于水分胁迫的产生，迫使水稻根系向纵深发展，导致抽穗开花期 0～20cm 和 20～40cm 非饱和土层土壤含水量较低。地下水位为 40cm 和 50cm 时，20～40cm 的非饱和土层土壤含水量大于 0～20cm，说明越靠近地下水位，土壤含水量越大。因此，合理地调控农田水位，使水稻根系吸水的旺盛区下移，有利于提高水分利用效率。

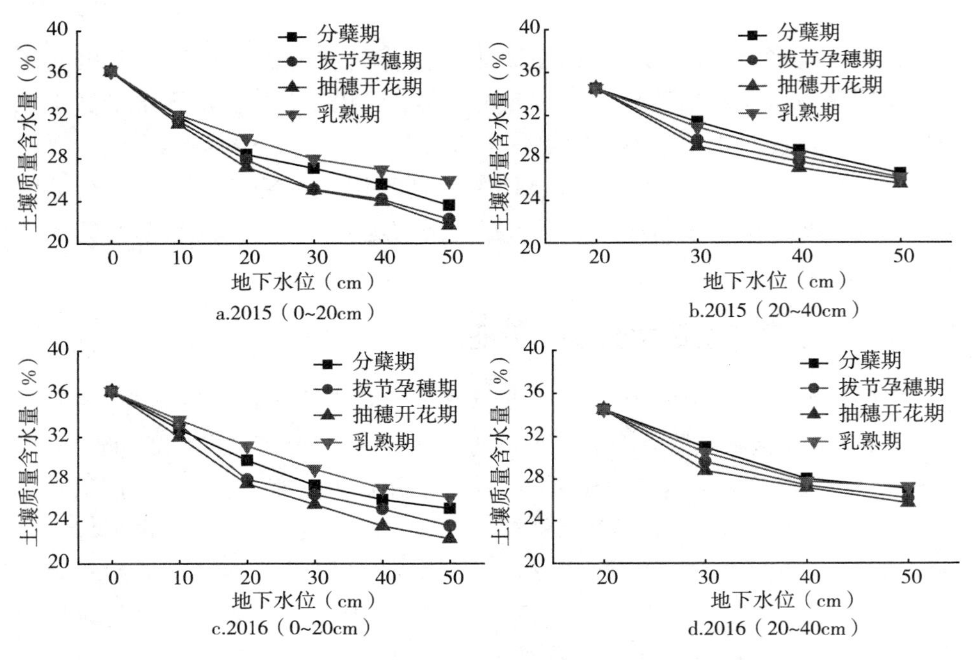

图 5.1　水稻各生育期不同地下水位条件下 0～20cm 和 20～40cm 非饱和土层土壤质量含水量变化

5.1.2　农田水位与土壤含水量对应关系

水稻根区的水分状况对水稻的生长有着重要的影响，而水稻根系生长范围主要分布在土壤耕作层（蔡昆争等，2003）。所以水稻受旱时 0～20cm 和 20～40cm 土层的土壤含水量较能反映水稻根区的水分状况。根据 2015 年和 2016 年实测数据的特点，在各生育期分别建立 0～20cm 和 20～40cm 非饱和土层的土壤含水量随深度变化的拟合方程，最终确定的关系公式为一元二次多项式的形式，表达式为：

$$\theta = a \times H^2 + b \times H + c \qquad (5-1)$$

式中：θ 为地表无水层时 0～20cm 或 20～40cm 非饱和土层的土壤含水量（%）；H 为受旱时地表无水层时农田水位（田面无水层时为负值）（cm）；a、b、c 为参数。各生育期参数见表 5.1。

表 5.1　各个生育期稻田水位—土壤含水量指数模型拟合参数

土层	生育阶段	模型参数			统计参数	
		a	b	c	R	F
0～20cm	分蘖期	0.003 5	0.405 1	36.12	0.983 1	93.1
	拔节孕穗期	0.004 2	0.474 0	36.29	0.979 7	56.0
	抽穗开花期	0.004 5	0.502 3	36.13	0.992 9	141.5
	乳熟期	0.002 8	0.341 0	36.15	0.982 8	128.5
20～40cm	分蘖期	0.004 5	0.577 1	44.26	0.992 9	250.3
	拔节孕穗期	0.008 5	0.871 4	48.42	0.991 8	240.1
	抽穗开花期	0.010 3	1.003 2	50.29	0.981 1	92.1
	乳熟期	0.006 4	0.708 7	46.14	0.983 6	150.1

由表 5.1 拟合结果可知各个生育期一元二次多项式的 F 统计量均大于 $F_{0.05}(2,\ 8)=19.37$，认为一元二次多项式模型在 $\alpha=0.05$ 水平上是显著的，一元二次多项式模型的相关系数达到 0.9 以上，拟合程度很好，说明一元二次多项式能模拟出水稻各个生育期受旱过程中根系层土壤含水量与农田水位之间的变化关系。

5.2　水稻需水量计算

测坑田面有水层时，则这一时段内的需水量由以下公式计算得出：

$$ET=H_1-H_2+P+I-R_f-D_p \tag{5-2}$$

式中：ET 为时段内作物需水量（mm）；H_1 为时段初农田水位值；H_2 为时段末农田水位值；P 为时段内降水量（mm）；I 为时段内灌水量（mm）；R_f 为地表径流流失量（mm）；D_p 为根区底层渗漏量（mm）。

测坑田面无水层时，则这一时段内的需水量由以下公式计算得出：

$$ET=W_1-W_2+P+I \tag{5-3}$$

$$W_1=(Z-|H_1|)\times\theta_{v饱和}+|H_1|\times\theta_{v1} \tag{5-4}$$

$$W_2=(Z-|H_2|)\times\theta_{v饱和}+|H_2|\times\theta_{v2} \tag{5-5}$$

式中：W_1 为时段初测坑内土壤总水量（mm）；W_2 为时段末测坑内土壤总水量（mm）；$\theta_{v饱和}$ 为土壤饱和含水量（体积含水量,%）；θ_{v1} 为土壤时段初非饱和土壤含水量（体积含水量,%）；θ_{v2} 为时段末非饱和土壤含水量（体积含水量,%）；Z 为测坑土层厚度（mm）。

5.3 单个生育期旱涝交替胁迫水稻需水量逐日变化

5.3.1 分蘖期水稻需水量逐日变化

分蘖期农田水位和水稻需水量逐日变化见图 5.2。从图 5.2 可以看出，LZH-1 处理涝胁迫期间日需水量较 CK 降低 14.3%～33.3%，说明分蘖期前期涝胁迫对水稻需水产生了抑制作用，产生这种现象的原因一方面是分蘖中前期冠层覆盖度较低，棵间蒸发是水稻需水量主要来源（刘笑吟等，2016），深水层温度较浅水层低，棵间蒸发少，另一方面是受涝导致水稻分蘖生长减缓或死亡（Singh et al.，2001）。LZH-1 处理受涝结束后日需水量较 CK 增加 10.1%～35.8%，出现超补偿效应，主要是由于分蘖期前期涝胁迫抑制了水稻分蘖发生，水位下降后，水稻分蘖活力恢复，增加了水稻的蒸腾量。水稻分蘖期 HZL-1 和 LZH-1 处理旱胁迫期间日需水量分别较 CK 降低 8.1%～49.2%和 14.4%～44.3%，说明分蘖期旱胁迫降低了水稻需水量，主要原因是旱胁迫降低了稻田土壤蒸发，并一定程度上抑制了水稻生理生长活动（郭相平等，2005）。此外，HZL-1 处理旱胁迫期间水稻日需水量降幅与 LZH-1 处理差别较小，说明分蘖期涝后旱胁迫对水稻需水无叠加（补偿）效应。HZL-1 处理由旱转涝后，水稻日需水量有所恢复，出现补偿效应，但仍然小于 CK，而于靖等（2012）研究发现水稻经历一定的水分亏缺后复水，水稻具有超补偿效应，日需水量比正常灌溉高，产生这种不同现象的原因可能是旱后涝胁迫不利于水稻分蘖和根系活力增强，导致旱后复水后的水稻需水补偿能力减弱。HZL-1 和 LZH-1 处理旱涝交替胁迫结束 5d 左右水稻需水量较 CK 降低 12.9%～24.9%，说明旱涝交替胁迫对后期水稻需水产生了抑制作用。

5.3.2 拔节孕穗期水稻需水量逐日变化

拔节孕穗期农田水位和水稻需水量逐日变化见图 5.3。从图 5.3 中可以看出，LZH-2 处理短时间涝胁迫（3d）日需水量较 CK 增加 4.7%～33.3%，说明拔节孕穗期短时间（3d）前期涝胁迫对水稻需水产生了促进作用，因为淹水促进了水稻茎节的伸长，加快了叶片与叶鞘生长，扩大了蒸腾面积，增强了蒸腾作用（夏石头等，2000；Das et al.，2005），而随着涝胁迫时间的延长，土壤通气性变差，降低了水稻根系的吸水活性，水稻涝胁迫 5d 后日需水

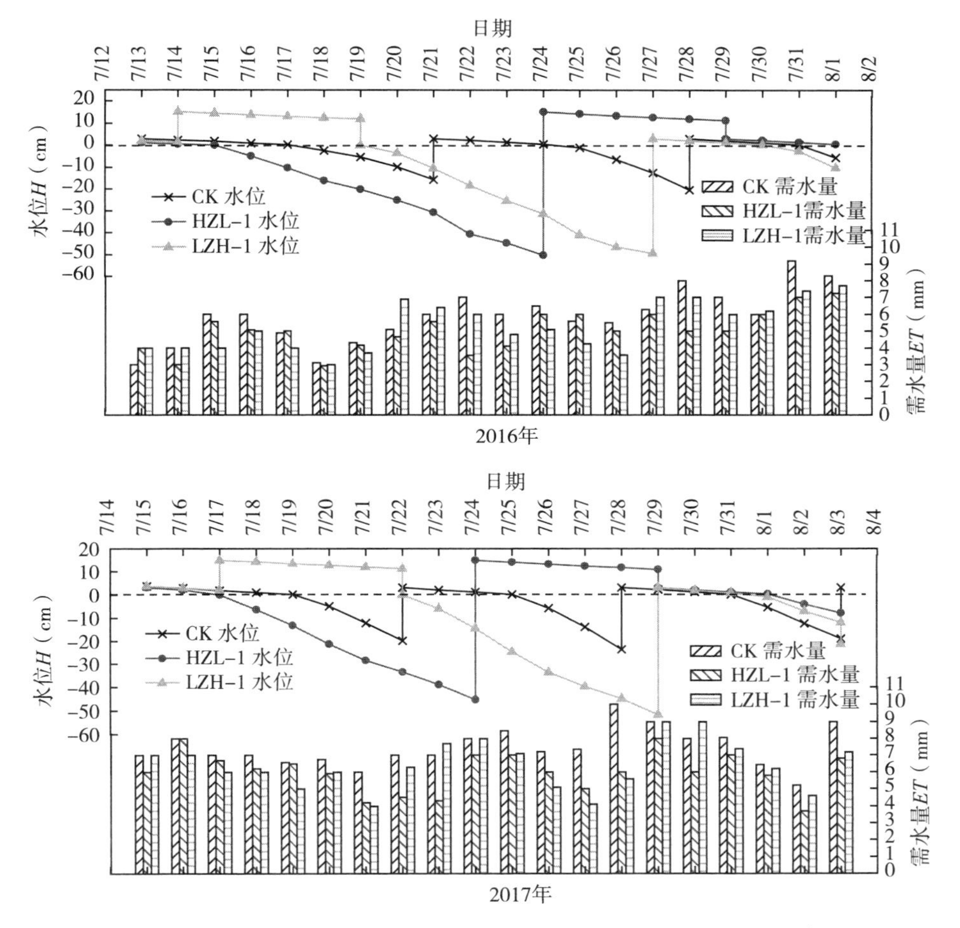

图 5.2　分蘖期农田水位和水稻需水量逐日变化（2016 年和 2017 年）

量较 CK 降低 20.0%～25.0%。LZH-2 处理在受涝结束后 2～3d 内，日需水量较 CK 增加 8.5%～22.4%，出现了超补偿效应，原因是排水改善了稻田土壤通气状态，水稻生长速度加快。HZL-2 和 LZH-2 处理旱胁迫期间日需水量分别较 CK 降低 13.6%～28.3%和 21.5%～27.6%，说明拔节孕穗期旱胁迫降低了水稻日需水量，主要原因是旱胁迫抑制了植株生长和蒸腾作用，降低了稻田土壤蒸发。HZL-2 处理由旱转涝后，水稻日需水量较 CK 增加 2.9%～44.4%，出现超补偿效应，与郝树荣等（2010）研究结果相似，产生这种现象的主要原因是拔节孕穗期旱胁迫提高了水稻根系活力，使根系吸水能力增强，提高了水稻需水量（郭相平等，2013；于靖，2013）。HZL-2 处理旱涝交替胁迫结束5d左右水稻需水量较CK增加2.6%～4.7%，说明拔节孕穗先旱后涝胁迫对后期水稻需水产生了促进作用。LZH－2处理旱涝交替胁迫结束5d左右需水量与CK接近，说明拔节孕穗期先涝后旱胁迫对后期水稻需水无明显影响。

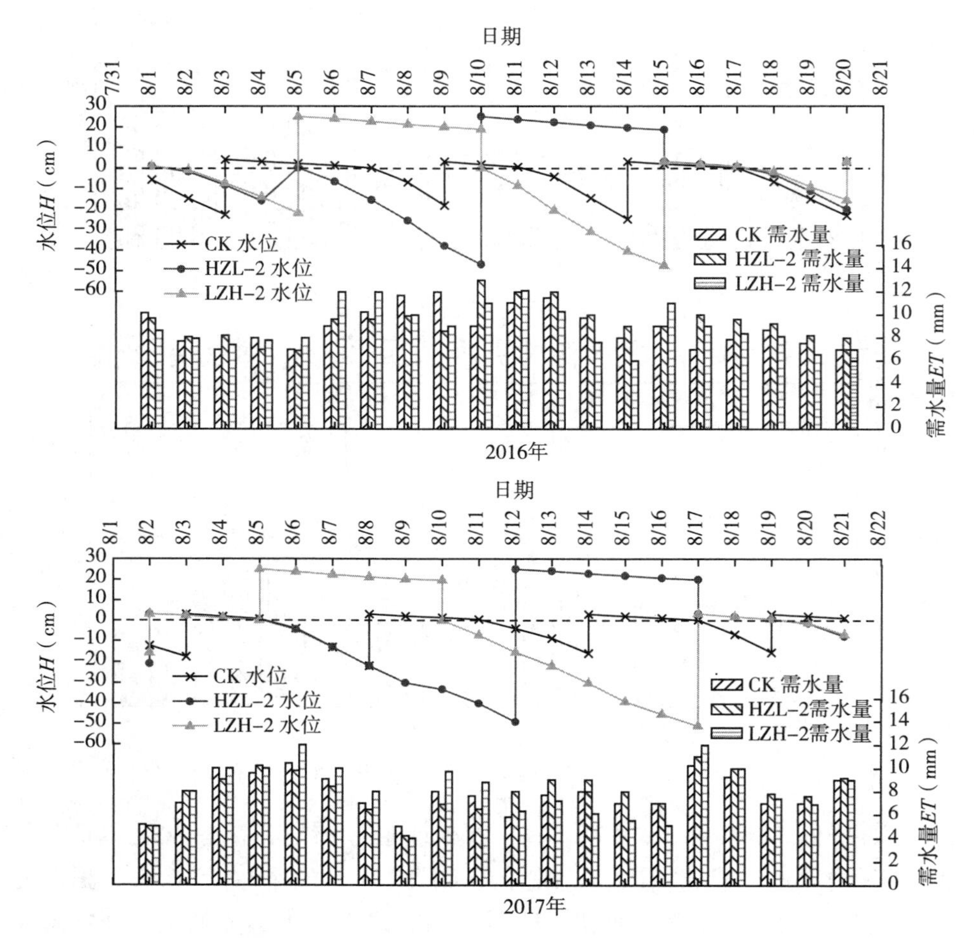

图5.3 拔节孕穗期农田水位和水稻需水量逐日变化（2016年和2017年）

5.3.3 抽穗开花期水稻需水量逐日变化

抽穗开花期农田水位和水稻需水量逐日变化见图5.4。由图5.4可以看出，LZH－3处理在涝胁迫期间日需水量较CK增加11.1%～31.3%，说明抽穗开花期前期涝胁迫对水稻需水产生了促进作用，主要原因是抽穗开花期水稻具有一定的耐涝能力，一定程度的涝胁迫保证了充足的水分，促进了水稻生长发育，此外，抽穗开花期是水稻从生理生长向生殖生长过渡阶段，也是生殖生长的重要时期，需要的水分较多（肖梦华等，2017）。LZH－3处理涝胁迫结束后日需水量较CK降低2.4%～22.0%，说明抽穗开花期涝胁迫对水稻需水量产生的抑制作用具有一定的延后性。HZL－3和LZH－3处理抽穗开花期旱胁迫期间日需水量分别较CK降低10.2%～48.6%和20.6%～44.4%，说明抽穗开花期旱胁迫对水稻需水产生了抑制作用。HZL－3处理由旱转涝后，短时间（3d）内水稻需水量较CK增加7.6%～28.6%，说明抽穗开花期旱后短时间（3d）涝胁迫对水稻需水产生了超补偿效应。HZL－3处理涝胁迫第5d日

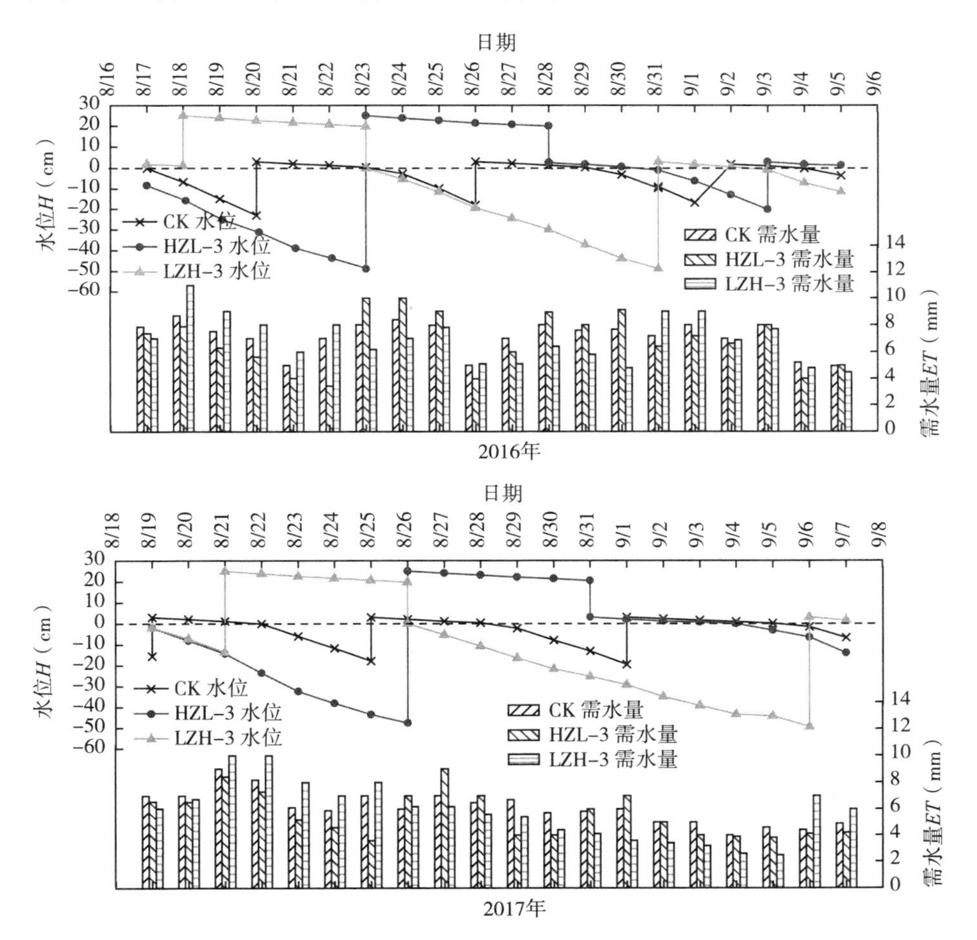

图5.4　抽穗开花期农田水位和水稻需水量逐日变化（2016年和2017年）

需水量在 2016 年和 2017 年分别较 CK 降低 25.0%和 29.4%，与 LZH-3 处理涝胁迫期间水稻日需水量变化不同，说明抽穗开花前期对水稻进行干旱胁迫，会降低旱后涝胁迫水稻需水量。综上所述，抽穗开花期先旱后涝胁迫和先涝后旱胁迫对水稻需水产生的影响不同，稻田控制灌排应注意水稻遭受旱、涝胁迫交替的顺序。

5.3.4 乳熟期水稻需水量逐日变化

乳熟期农田水位和水稻需水量逐日变化见图 5.5。由图 5.5 可以看出，LZH-4 处理涝胁迫期间水稻日需水量较 CK 增加 0%～33.3%，说明乳熟期

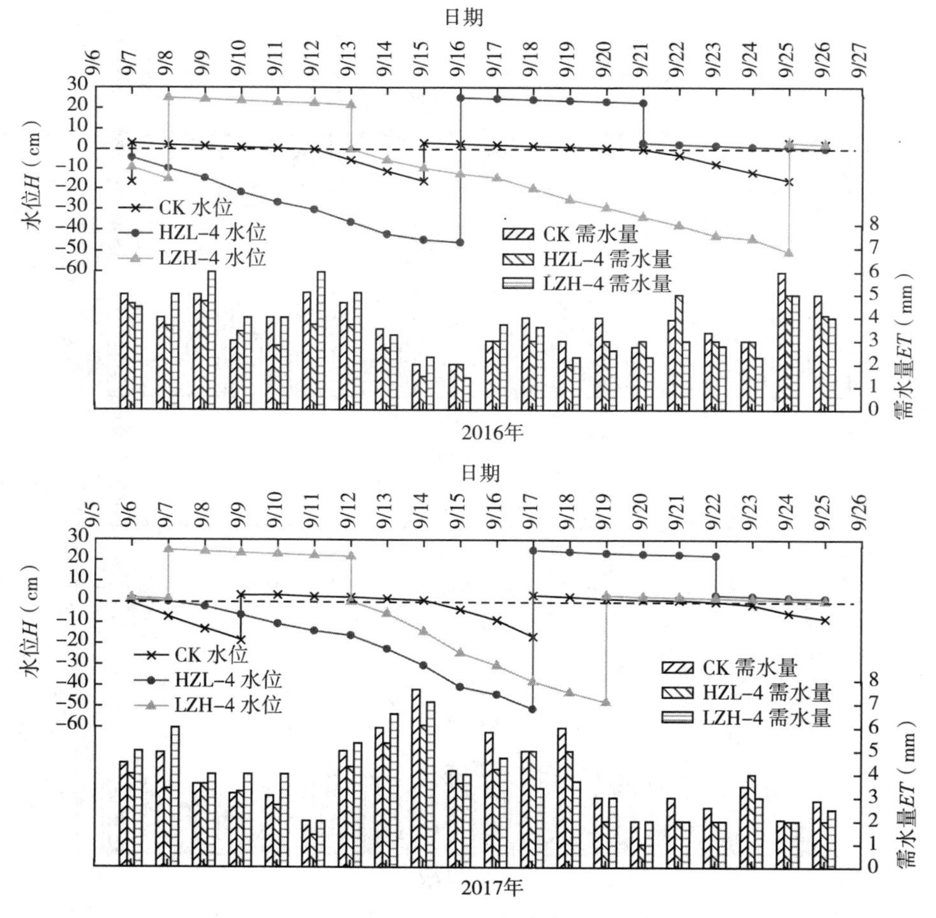

图 5.5 乳熟期农田水位和水稻需水量逐日变化（2016 年和 2017 年）

前期涝胁迫对水稻需水产生了促进作用。LZH－4处理涝胁迫结束后水稻日需水量与CK接近。HZL－4和LZH－4处理在旱胁迫期间日需水量较CK分别降低13.1%～30.9%和15.3%～39.1%，说明乳熟期旱胁迫对水稻需水产生了抑制作用。HZL－4处理由旱转涝后，短时间（2d）内水稻需水量与CK接近，说明乳熟期旱后短时间（2d）涝胁迫对水稻需水产生了补偿效应。LZH－4和HZL－4处理旱涝交替胁迫结束后日需水量均小于CK，原因可能是乳熟期进行旱涝交替胁迫加快了水稻根系衰老，导致水稻根系吸水能力下降。

5.4　连续两个生育期旱涝交替胁迫水稻需水量逐日变化

分蘖期和拔节孕穗期连续旱涝交替胁迫下农田水位和水稻需水量逐日变化见图5.6。由图5.6可以看出，LZH－5处理在拔节孕穗期涝胁迫期间日需水量较CK降低11.1%～41.7%。HZL－5和LZH－5处理旱胁迫期间日需水量较CK降低18.5%～38.9%。HZL－5处理由旱转涝后，短时间（2d）内水稻需水量较CK增加4.7%～14.3%，说明水稻在分蘖期遭受旱涝交替胁迫后，拔节孕穗期旱后短时间（2d）涝胁迫仍然对水稻需水产生了超补偿效应。HZL－5处理涝胁迫第5d日需水量在2016年和2017年分别较CK降低14.3%和24.5%。HZL－5处理旱、涝胁迫期间需水量与CK的差距大于HZL－2处理，同时LZH－5处理也大于LZH－2处理，产生这种现象的原因一方面是分蘖期先涝后旱减少了水稻分蘖，另一方面是分蘖期先涝后旱水稻需水水平降低（甄博等，2017）。因此，分蘖期旱涝交替胁迫抑制了拔节孕穗期水稻需水量。

拔节孕穗期和抽穗开花期连续旱涝交替胁迫下农田水位和水稻需水量逐日变化见图5.7。由图5.7可以看出，LZH－6处理在抽穗开花期短时间（2d）涝胁迫水稻日需水量大于CK，长时间涝胁迫（5d）小于CK。LZH－6处理旱胁迫期间日需水量较CK降低27.9%～48.6%。LZH－6处理旱、涝期间需水量与CK的差距大于LZH－3处理，说明拔节孕穗期先涝后旱胁迫抑制了水稻抽穗开花期的需水量。HZL－6处理在抽穗开花期旱胁迫期间日需水量较CK降低8.1%～19.6%。HZL－6处理由旱转涝后，涝胁迫期间水稻需水量较CK增加0%～31.2%。LZH－6处理旱胁迫期间需水量相对于CK的降幅小于LZH－3处理，而涝胁迫期间需水量相对于CK的增幅大于LZH－3处理，主

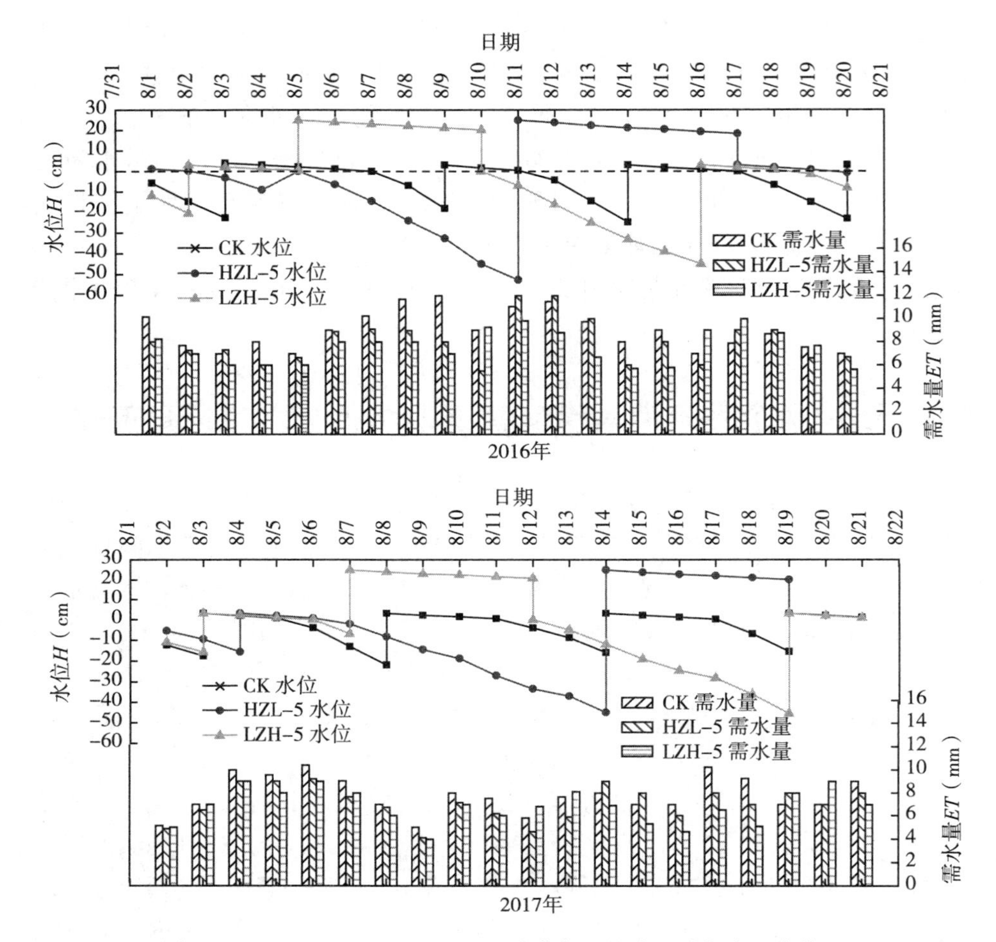

图 5.6　LZH－5 和 HZL－5 处理分蘖期和拔节孕穗期农田水位和水稻需水量逐日变化（2016 年和 2017 年）

要是因为拔节孕穗期一定程度水分胁迫增强了水稻根系吸水能力，使水稻表现出相对较强的耐涝抗旱能力（KASHYAPI et al.，2009）。因此，拔节孕穗期先旱后涝胁迫提高了水稻抽穗开花期的需水量。

抽穗开花期和乳熟期连续旱涝交替胁迫下农田水位和水稻需水量逐日变化见图 5.8。由图 5.8 可以看出，LZH－7 处理在乳熟期涝胁迫前期水稻日需水量与 CK 接近，在涝胁迫后期日需水量较 CK 降低 3.2%～33.3%。LZH－7 处理旱胁迫期间日需水量较 CK 降低 29.3%～44.3%。LZH－7 处理旱、涝期间需水量与 CK 的差距大于 LZH－3 处理，说明抽穗开花期先涝后旱胁

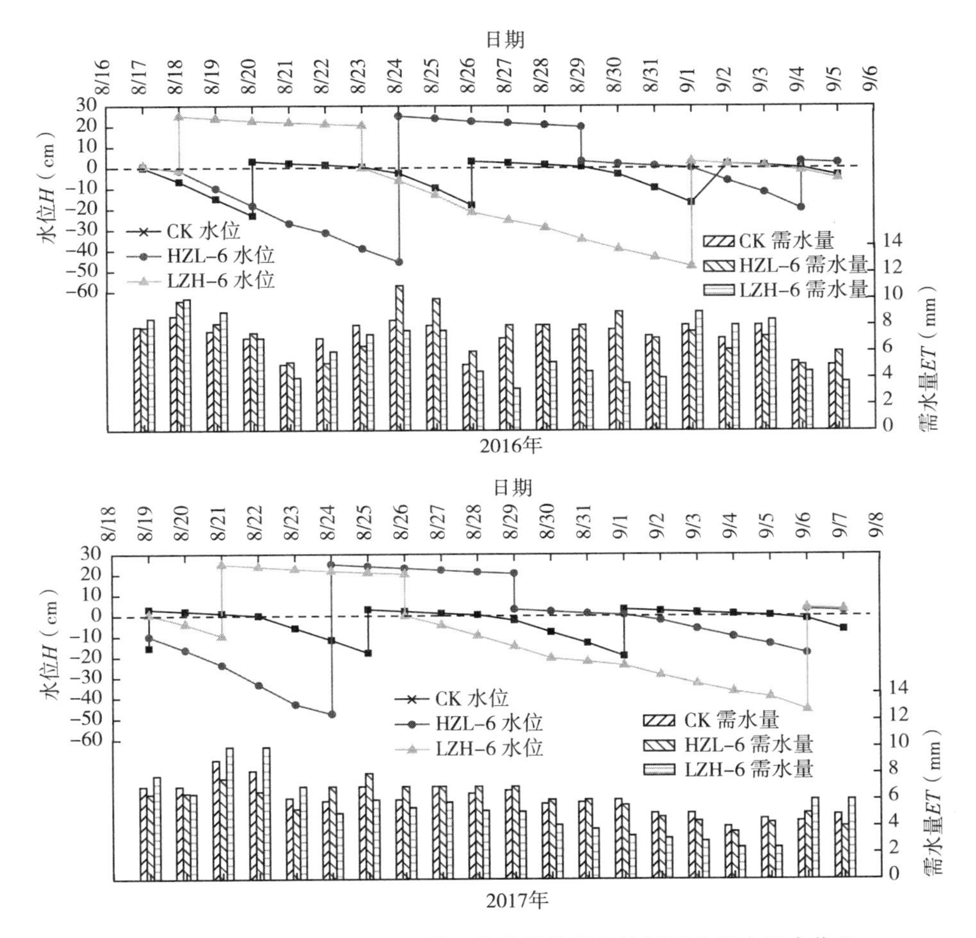

图 5.7　LZH-6 和 HZL-6 处理拔节孕穗期和抽穗开花期农田水位和水稻需水量逐日变化（2016 年和 2017 年）

迫降低了水稻乳熟期的需水量。HZL-7 处理在乳熟期旱胁迫期间日需水量较 CK 降低 7.7%～16.5%。HZL-7 处理由旱转涝后，短时间内（2d）水稻需水量较 CK 增加 4.9%～50.0%。HZL-7 处理涝胁迫第 5d 日需水量在 2016 和 2017 年分别较 CK 降低 33.3%和 16.7%。HZL-7 处理旱胁迫期间需水量相对于 CK 的降幅小于 HZL-3 处理，而涝胁迫期间需水量相对于 CK 的增幅大于 LZH-3 处理，说明抽穗开花期先旱后涝胁迫提高了乳熟期的需水量。

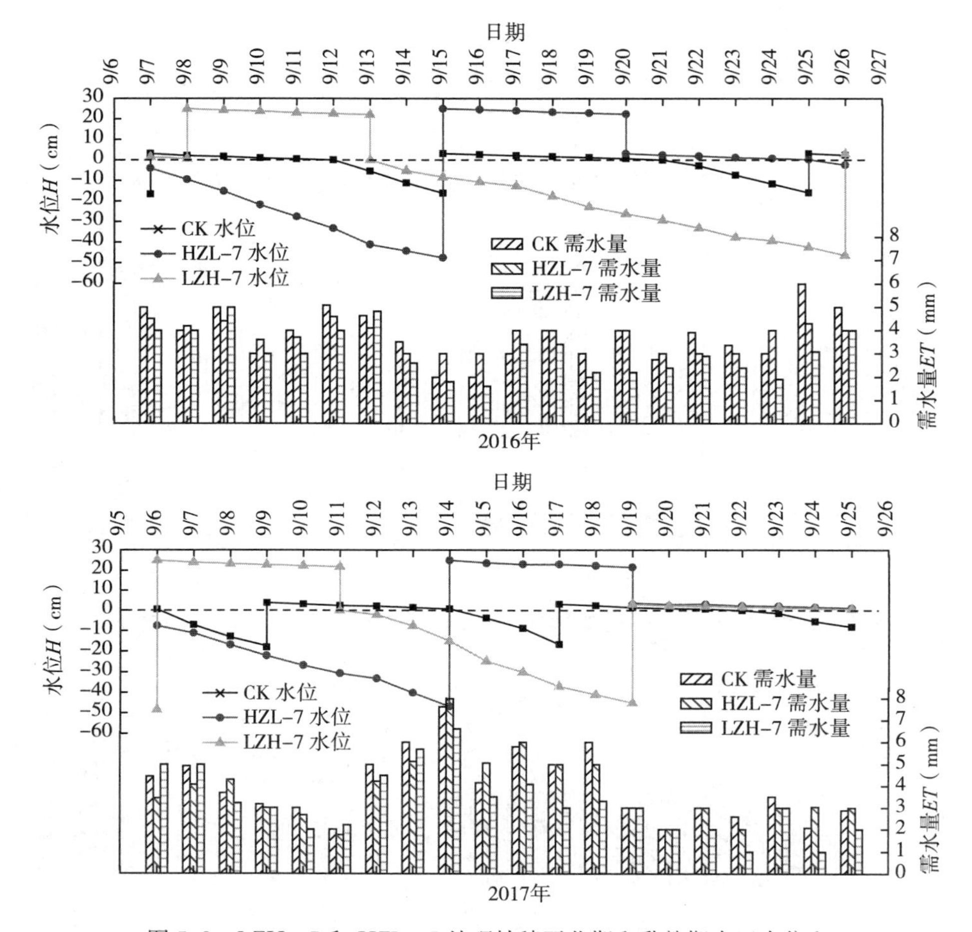

图 5.8　LZH－7 和 HZL－7 处理抽穗开花期和乳熟期农田水位和水稻需水量变化（2016 年和 2017 年）

5.5　旱涝交替胁迫水稻各生育期需水量

水稻需水量在各个生育期具有差异性，影响它的因素主要是气象条件、品种特性、生育阶段、土壤性质、稻田水分情况以及农艺措施等。在常规灌溉排水条件下，水稻需水量主要受气象条件的影响，气温高，则蒸发蒸腾强度大（李远华等，1995）。在旱胁迫条件下，水稻的蒸腾作用受到抑制，稻田蒸发量较少，水稻需水量也随之减小（肖梦华等，2017）。在淹涝条件下，由于水中

O_2 和 CO_2 扩散率下降，水稻根系吸水能力受到抑制，水稻的蒸腾量降低（Phukan et al.，2016）。

旱涝交替胁迫水稻各生育期需水量见表 5.2。由表 5.2 可知，HZL-1 和 LZH-1 处理分蘖期需水量在 2016 年分别较 CK 降低 8.1%和 3.1%，在 2017 年显著（$P<0.05$）降低 14.6%和 12.0%；HZL-1 和 LZH-1 处理拔节孕穗期、抽穗开花期、乳熟期需水量在 2016 年分别较 CK 降低 10.1%、9.7%、9.6%和 3.7%、10.2%、3.8%，在 2017 年降低 14.2%、9.0%、9.3%和 8.6%、11.5%、7.1%。因此，分蘖期旱涝交替胁迫不仅降低了水稻分蘖期需水量，也对后期水稻需水产生了抑制作用，尤其是分蘖期先旱后涝胁迫对水稻各生育期需水量产生的抑制作用较为明显。HZL-2 和 LZH-2 处理拔节孕穗期需水量在 2016 年分别较 CK 增加 4.1%和 1.5%，在 2017 年增加 2.0%和 2.7%；HZL-2 处理抽穗开花期和乳熟期需水量在 2016 年分别较 CK 增加 4.0%和 4.2%，在 2017 年增加 0.4%和 4.7%；LZH-2 处理抽穗开花期和乳熟期需水量在 2016 年分别较 CK 降低 3.3%和 9.3%，在 2017 年降低 10.4%和 6.3%。因此，拔节孕穗期旱涝交替胁迫使水稻拔节孕穗期需水量略有提高，但拔节孕穗期先旱后涝胁迫对后期水稻需水产生了促进作用，而拔节孕穗期先涝后旱胁迫对后期水稻需水产生了抑制作用。HZL-3 和 LZH-3 处理抽穗开花期需水量在 2016 年分别较 CK 降低 5.2%和 2.4%，在 2017 年降低 8.7%和 5.3%；HZL-3 和 LZH-3 处理乳熟期需水量在 2016 年分别较 CK 降低 7.2%和 9.4%，在 2017 年降低 6.1%和 9.4%。因此，抽穗开花期旱涝交替胁迫对水稻各生育期需水产生了抑制作用，使需水量均略有降低。HZL-4 乳熟期需水量在 2016 年和 2017 年分别较 CK 显著（$P<0.05$）降低 11.2%和 12.1%，LZH-4 处理分别降低 3.3%和 6.5%，说明乳熟期旱涝交替胁迫使水稻乳熟期需水量降低，但先涝后旱胁迫对水稻乳熟期需水量影响不显著（$P\geq0.05$）。与 CK 相比，HZL-1、HZL-3、HZL-4、LZH-1、LZH-2、LZH-3、LZH-4 全生育期需水量在 2016 年分别降低 8.1%、2.4%、1.5%、4.6%、1.4%、0.6%、0.2%；2017 年分别降低 11.4%、4.1%、4.4%、9.5%、3.7%、1.2%、1.3%。HZL-2 处理全生育期需水量在 2016 年和 2017 年分别增加 2.5%和 0.4%。从显著性结果可以看出，在连续两年内，分蘖期进行先旱后涝胁迫对水稻全生育期需水量影响显著（$P<0.05$）。

农田水位调控下连续两个生育期旱涝交替胁迫水稻各生育期需水量也见表 5.2。由表 5.2 可知，HZL-5 和 LZH-5 处理拔节孕穗期、抽穗开花期、乳熟期需水量在2016年分别较CK降低9.9%、6.6%、7.9%和14.9%、11.8%、9.1%，在2017年降低9.2%、6.9%、8.3%和12.1%、17.0%、9.9%。HZL-5处理拔节孕穗期、抽穗开花期、乳熟期需水量大于HZL-1处理，但小于HZL-2处理；LZH-5处理拔节孕穗期、抽穗开花期需水量小于LZH-1和LZH-2处理。因此，拔节孕穗期先旱后涝胁迫弱化了分蘖期先旱后涝胁迫对水稻需水产生的抑制作用，而拔节孕穗期先涝后旱胁迫加重了分蘖期先涝后旱涝胁迫对水稻需水产生的抑制作用。HZL-6处理抽穗开花期需水量与CK接近，乳熟期需水量在2016年和2017年分别降低9.1%和11.8%，2017年差别显著（$P<0.05$）。HZL-6处理抽穗开花期需水量大于HZL-3处理，其中2017年差别显著（$P<0.05$），且与HZL-2处理接近。因此，抽穗开花期先旱后涝胁迫弱化了拔节孕穗期先旱后涝胁迫对水稻需水产生的促进作用。LZH-6处理抽穗开花期和乳熟期需水量在2016年分别较CK降低1.2%和13.4%，在2017年降低3.2%和15.3%。LZH-6处理抽穗开花期需水量小于LZH-2和LZH-3处理，说明抽穗开花期先涝后旱胁迫加重了拔节孕穗期先涝后旱胁迫对水稻需水产生的抑制作用。HZL-7和LZH-7处理乳熟期需水量在2016年分别较CK降低5.5%和14.9%，在2017年降低5.6%和13.7%，其中LZH-7处理与CK差别显著（$P<0.05$）。HZL-7处理乳熟期需水量大于HZL-4，且与HZL-3处理接近；LZH-7处理乳熟期需水量小于LZH-3和LZH-4。因此，乳熟期先涝后旱胁迫加重了抽穗开花期先涝后旱胁迫对水稻需水产生的抑制作用。与CK相比，HZL-5、HZL-6、HZL-7、LZH-5、LZH-6、LZH-7全生育期需水量在2016年分别降低7.1%、0.4%、0.6%、9.0%、4.9%、3.8%；2017年分别降低9.8%、1.5%、1.1%、11.1%、6.0%、5.2%。从显著性结果可以看出，在连续两年内，分蘖期与拔节孕穗期连续进行旱涝交替胁迫对水稻全生育期需水量影响显著（$P<0.05$）。

表5.2 旱涝交替胁迫水稻各生育期需水量

单位：mm

年份	处理	各生育期需水量						全生育期需水量
		返青期	分蘖期	拔节孕穗期	抽穗开花期	乳熟期	黄熟期	
2016	HZL-1	30.9[a]	150.6[c]	140.2[cd]	122.1[cd]	80.1[bcd]	32.6[a]	556.5[d]
	HZL-2	30.3[a]	163.5[abc]	162.3[a]	140.6[a]	92.3[a]	31.4[a]	620.4[a]

（续）

年份	处理	各生育期需水量						全生育期需水量
		返青期	分蘖期	拔节孕穗期	抽穗开花期	乳熟期	黄熟期	
2016	HZL-3	29.3^{a}	164.2^{abc}	153.5^{ab}	128.2^{bc}	82.2^{bcd}	33.1^{a}	590.5^{abc}
	HZL-4	30.5^{a}	165.8^{ab}	151.7^{abc}	138.4^{a}	78.7^{cd}	31.1^{a}	596.2^{ab}
	HZL-5	30.0^{a}	153.4^{bc}	140.4^{cd}	121.3^{cd}	81.6^{bcd}	30.3^{a}	562.0^{cd}
	HZL-6	28.9^{a}	161.7^{abc}	160.1^{ab}	140.8^{a}	80.5^{bcd}	30.8^{a}	602.8^{ab}
	HZL-7	29.5^{a}	162.0^{abc}	158.7^{ab}	134.8^{ab}	83.7^{bcd}	32.8^{a}	601.5^{ab}
	LZH-1	29.4^{a}	158.8^{abc}	150.1^{bc}	121.4^{cd}	85.2^{abc}	32.7^{a}	577.6^{bcd}
	LZH-2	29.5^{a}	166.1^{ab}	158.3^{ab}	130.7^{abc}	80.4^{bcd}	31.8^{a}	596.8^{ab}
	LZH-3	30.4^{a}	168.5a	157.2^{ab}	132.0^{ab}	80.3^{bcd}	32.9^{a}	601.3^{ab}
	LZH-4	30.2^{a}	169.2^{a}	156.8^{ab}	130.9^{abc}	85.7^{abc}	30.9^{a}	603.7^{ab}
	LZH-5	29.6^{a}	157.3^{abc}	132.7^{d}	119.3^{d}	80.5^{bcd}	31.6^{a}	551.0^{d}
	LZH-6	28.8^{a}	161.4^{abc}	154.0^{ab}	117.1^{d}	82.1^{bcd}	32.3^{a}	575.7^{bcd}
	LZH-7	29.7^{a}	163.2^{abc}	150.4^{bc}	133.3^{ab}	75.4^{d}	30.5^{a}	582.5^{bcd}
	CK	29.4^{a}	163.9^{abc}	155.9^{ab}	135.2^{ab}	88.6^{ab}	32.2^{a}	605.2^{ab}
2017	HZL-1	32.2^{a}	173.4^{c}	110.4^{d}	99.9^{bcde}	83.4^{bc}	32.9^{a}	532.2^{d}
	HZL-2	31.5^{a}	198.2^{ab}	131.2^{a}	110.2^{a}	96.2^{a}	35.4^{a}	602.7^{a}
	HZL-3	32.1^{a}	197.5^{ab}	125.2^{ab}	100.3^{bcd}	86.3^{bc}	34.6^{a}	576.0^{b}
	HZL-4	31.6^{a}	200.7^{a}	123.1^{ab}	103.5^{abc}	80.8^{c}	35.4^{a}	575.1^{b}
	HZL-5	31.9^{a}	170.5c	116.8^{bcd}	102.2^{abc}	84.3^{bc}	36.1^{a}	541.8^{d}
	HZL-6	30.7^{a}	203.4^{a}	132.5^{abc}	108.5^{ab}	81.1^{c}	35.5^{a}	591.7^{ab}
	HZL-7	32.0^{a}	207.1^{a}	131.6^{a}	102.3^{abc}	86.8^{bc}	34.3^{a}	594.1^{ab}
	LZH-1	30.8^{a}	178.8c	117.5^{bcd}	97.2^{cde}	85.4^{bc}	33.5^{a}	543.2^{cd}
	LZH-2	30.0^{a}	196.8^{ab}	132.1^{a}	98.4^{cde}	86.1^{bc}	34.7^{a}	578.1^{ab}
	LZH-3	31.9^{a}	211.3^{a}	127.7^{a}	104.0^{abc}	83.3^{bc}	35.1^{a}	593.3^{ab}
	LZH-4	31.2^{a}	205.4^{a}	131.9^{a}	103.8^{abc}	85.9^{bc}	34.2^{a}	592.4^{ab}
	LZH-5	30.4^{a}	181.3^{bc}	113.0^{cd}	91.1^{e}	82.8^{bc}	35.1^{a}	533.7^{d}
	LZH-6	31.0^{a}	200.9^{a}	124.5^{ab}	93.0^{de}	81.5^{c}	33.5^{a}	564.4^{c}
	LZH-7	30.7^{a}	199.5^{a}	124.0^{ab}	101.8^{abcd}	79.3^{c}	33.8^{a}	569.1^{c}
	CK	31.3^{a}	203.1^{a}	128.6^{a}	109.8^{a}	91.9^{ab}	35.7^{a}	600.4^{ab}

注：相同年份同一列不同字母表示显著性差异（$P<0.05$）。

综上所述，单个生育期旱涝交替胁迫对需水量影响从大到小依次排序为：分蘖期（两年需水量平均较对照降低8.4%，下同）>抽穗开花期（2.1%）>乳熟期（1.8%）>拔节孕穗期（0.5%）。连续两个生育期旱涝交替胁迫对需水量影响从大到小依次排序为：分蘖期与拔节孕穗期（9.2%）>拔节孕穗期与抽穗开花期（3.2%）>抽穗开花期与乳熟期（2.7%）。因此，在各生育期进行控制灌排时，单个分蘖期、分蘖期与拔节孕穗期连续两个生育期遭受旱涝交替胁迫导致水稻需水量降低较为明显，但也造成了水稻较大幅度地减产。

5.6 本章小结

本章分析了控制灌排条件下不同农田水位调控稻田各个生育期不同土层的土壤含水量的变化规律，通过一元二次多项式模型拟合了稻田土层土壤含水量随地下水位变化过程；分析了水稻单个生育期和连续两个生育期旱涝交替胁迫下需水量变化规律，探讨了控制灌排条件下旱涝交替胁迫水稻需水特性，得到以下主要结论：

（1）各土层土壤含水量随地下水位埋深的增加，下降速度逐渐变缓。当地下水位埋深相同时，各生育期0～20cm土壤含水量大小依次是乳熟期、分蘖期、拔节孕穗期、抽穗开花期，拔节孕穗期和抽穗开花期20～40cm土壤含水量大于分蘖期和乳熟期。一元二次多项式模型能很好地拟合出水稻各个生育期0～20cm和20～40cm土层的土壤含水量与农田水位之间的变化关系，相关系数达到0.9以上。

（2）分蘖期前期涝胁迫抑制了水稻需水水平，日需水量较对照降低14.3%～33.3%；拔节孕穗期前期短时间（3d）涝胁迫增强了水稻需水水平，水稻日需水量较对照增加4.7%～33.3%，而长时间（5d）涝胁迫抑制了水稻需水水平，水稻日需水量较对照降低20.0%～25.0%；抽穗开花期和乳熟期前期涝胁迫增强了水稻需水水平，日需水量较对照增加0%～33.3%。各生育期在前期涝胁迫结束3d内，分蘖期和拔节孕穗期水稻需水量出现超补偿效应，日需水量较对照增加8.5%～22.4%；抽穗开花期水稻需水量下降，日需水量较对照降低2.4%～22.0%；乳熟期无明显影响。各生育期旱胁迫期间抑制了水稻需水水平，日需水量较对照降低8.1%～44.4%。分蘖期旱后涝胁迫水稻需水量出现补偿效应，水稻日需水量有所恢复，但仍然小于对照；拔节孕穗期旱后涝胁迫水稻需水量出现超补偿效应，日需水量较对照增加 2.9%～44.4%；抽穗开花期旱后短时间（3d）涝胁迫水稻需水量出现超补偿效应，日需水量较对照增加 7.6%～28.6%，而长时间（5d）涝胁迫抑制了水稻需水量，日需水量较对照降低 25.0%～29.4%；乳熟期旱后短时间（2d）涝胁迫水稻需水量出现补偿效应，但仍然小于对照。各生育期涝后旱胁迫对水稻需水无叠加（补偿）效应。

（3）对连续两个生育期进行旱涝交替胁迫，分蘖期旱涝交替胁迫降低了水稻拔节孕穗期的需水量。拔节孕穗期先涝后旱胁迫降低了水稻抽穗开花期的需水量，但拔节孕穗期先旱后涝胁迫提高了水稻抽穗开花期的需水量。抽穗开花期先涝后旱胁迫降低了乳熟期的需水量，而抽穗开花期先旱后涝胁迫提高了水稻乳熟期的需水量。

（4）与对照相比，分蘖期遭受旱涝交替胁迫不仅使水稻分蘖期需水量降低 3.1%～14.6%，也使水稻拔节孕穗期、抽穗开花期、乳熟期需水量降低 3.7%～14.2% 拔节孕穗期旱涝交替胁迫使水稻拔节孕穗期需水量较对照略微增加 1.5%～4.1%，但先旱后涝胁迫使水稻随后的抽穗开花期和乳熟期需水量也略微增加 0.4%～4.7%，而先涝后旱胁迫则降低 3.3%～10.9%。抽穗开花期旱涝交替胁迫导致水稻抽穗开花期和乳熟期需水量较对照降低 2.4%～9.4%。乳熟期旱涝交替胁迫导致水稻乳熟期需水量较对照降低 3.3%～12.1%，其中先旱后涝胁迫差别显著（$P<0.05$）。

（5）对于单个生育期旱涝交替胁迫，与对照相比，分蘖期先旱后涝胁迫水稻全生育期需水量显著（$P<0.05$）降低 8.1%～11.4%，先涝后旱胁迫水稻全生育期需水量降低 4.6%～9.5%；拔节孕穗期先旱后涝胁迫水稻全生育期需水量增加 0.4%～2.5%，而先涝后旱胁迫水稻全生育期需水量降低 1.4%～3.7%；抽穗开花期和乳熟期旱涝交替胁迫水稻全生育期需水量分别降低 0.6%～4.1%和 0.3%～4.2%。对于连续两个生育期进行旱涝交替胁迫，分蘖期和拔节孕穗期连续两个生育期旱涝交替胁迫水稻全生育期需水量显著（$P<0.05$）降低 7.1%～11.1%；拔节孕穗期和抽穗开花期、抽穗开花期和乳熟期分别降低 0.4%～6.0%和 0.6%～5.2%。单个生育期旱涝交替胁迫对需水量影响从大到小依次排序为：分蘖期>抽穗开花期>乳熟期>拔节孕穗期。连续两个生育期旱涝交替胁迫对需水量影响从大到小依次排序为：分蘖期与拔节孕穗期>拔节孕穗期与抽穗开花期>抽穗开花期与乳熟期。

第六章　基于结构方程模型的旱涝交替胁迫水稻“需水量—光合量—产量”关系

作物干物质的95%左右是通过光合作用转化的碳水化合物，碳水化合物为籽粒的形成和灌浆提供物质和能量基础（Liu et al.，2004；Liao et al.，2012）。同时，水分是作物光合作用和产量形成的重要限制因素，三者之间具有密切的交互关系（程建平等，2006；Chen et al.，2007；满建国等，2015）。已有研究表明，作物光合速率与产量之间关系具有不确定性，一方面是由于二者并不是同一个层次问题，另一方面是二者在不同生长发育时期具有不同相关性，最后是采用的分析与测量方法不正确（李少昆，1998）。作物源库关系是作物高产生长发育探究中的重点关注问题之一，作物产量的形成本质上是源库互作的过程（盛大海等，2009）。众多学者在基于源库理论（source—sink theory）探寻作物高产途径方面进行了大量的研究（Dordas，2012；Wei et al.，2018）。水稻产量的高低决定于源、库容和光合产物运转能力（流）的大小及其交互协调程度，通过改变栽培与管理条件可以实现对水稻源库结构的改善，其中优化水分管理方式是一种重要手段（缪子梅等，2013）。本章以源库理论为基础，基于结构方程模型（SEM），分析水稻需水量、冠层光合量与产量之间的交互关系，为深入研究控制灌排条件下作物需水、生理生长、产量之间交互关系提供了一种科学的分析方法，对指导控制灌排技术实践应用具有重要意义。

6.1　单叶日累积光合量与冠层光合量的估算

单叶瞬时净光合速率（P_n）采用了双曲直角模型来模拟，计算公式如下：

$$P_{n(time)}=\frac{P_{\max}\cdot\alpha\cdot I}{P_{\max}+\alpha\cdot I}\tag{6-1}$$

式中：$P_{n(time)}$ 为单叶某时刻瞬时 P_n（μmol·m^{-2}·s）；$P_{\max}$ 为叶片最大 P_n（μmol·m^{-2}·s）；I 为某时刻光合有效辐射（μmol·m^{-2}·s）；α 为初始光能利用率，其理论值是在太阳辐射强度为 0 时，光合有效辐射—光合速率响应曲线的斜率。

旱涝交替胁迫水稻各生育期旱末、涝末、旱涝急转当日、涝结束当日单叶日累计光合量 $\sum P_{n(日)}$，根据实际获得的 P_n 日变化值求出，计算公式如下：

$$\sum P_{n(日)} = \frac{1}{2}\sum_{i}^{n-1}(P_{n(i)} + P_{n(i+1)}) \cdot H_i \tag{6-2}$$

式中：$P_{n(i)}$，$P_{n(i+1)}$ 为第 i 次和 $i+1$ 次测定的单叶瞬时光合速率值（μmol·m^{-2}·s）；H_i 为第 i 次和 $i+1$ 次之间时间间隔（s）；n 为测定总次数。

未实测 P_n 日变化水稻生长发育时段，日累积光合量的计算通过单叶瞬时 P_n 推算，考虑了旱涝交替胁迫对水稻单叶 P_n 的影响。本书采用由单叶10：00 瞬时 P_n 推算其相应日累积光合量的方法估算。各处理单叶 10：00 瞬时 P_n 与日累积光合量之间拟合关系见图 6.1。由图 6.1 可以看出，10：00 P_n 和日累积光合量之间具有较好的线性关系，可以利用单叶 10：00 瞬时 P_n 来推算日累积光合量。

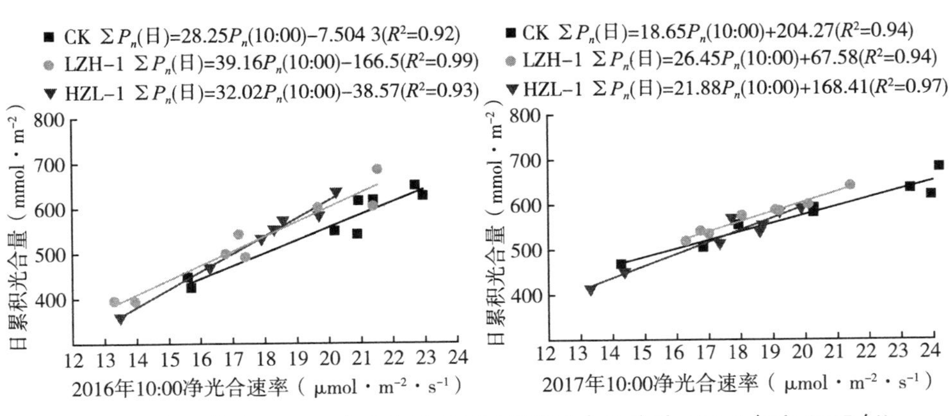

图 6.1　水稻单叶 10：00 净光合速率与日累积光合量关系（2016 年和 2017 年）

本书冠层光合量采用大叶模型进行推算，大叶模型认为整个冠层的光合作用对环境的动态响应与单叶相同，将整个冠层当作一个水平铺开的叶片结构（于贵瑞和王秋凤，2010），其计算公式为：

$$P_c = \sum P_{n(日)} \times LAI \tag{6-3}$$

式中：P_c 为冠层日累积光合量；LAI 为叶面积指数。

计算全生育期水稻冠层总光合量（$\sum P_c$）时，各处理在旱涝交替胁迫期间及其以后一段时间内（时间见6.1章节）按照各自的线性方程计算单叶日累积光合量，其他时间段根据CK线性方程计算，随后通过各生育期实测的LAI来推算求得冠层日累积光合量，最后对全生育期内冠层日累积光合量求和，即是$\sum P_c$。这种简化计算方法未将不同叶片光合能力的差异以及冠层内部光照的分布考虑在内，推算结果会存在一定的偏差。但本书主要研究控制灌排条件下旱涝交替胁迫水稻光合量差异及其与需水量、产量的关系，因此，利用典型穗叶的测定值来推算$\sum P_c$在某种程度上可以真实反映其内在规律。

表6.1列出了2016年和2017年旱涝交替胁迫水稻$\sum P_c$。由表可知，HZL－1和LZH－1处理$\sum P_c$显著小于CK，这主要是由于分蘖期旱涝交替胁迫减少了水稻分蘖数，引起LAI下降，导致$\sum P_c$显著降低。HZL－2处理$\sum P_c$大于CK（2016年增加8.1%，2017年增加8.0%），但差别不显著（$P \geqslant 0.05$），说明拔节孕穗期进行先旱后涝胁迫可增加水稻总光合累积量。抽穗开花期和乳熟期进行旱涝交替胁迫对水稻总光合累积量无明显影响。$\sum P_c$的推算考虑了旱涝交替胁迫水稻P_n与LAI的动态变化，因此，其能较好展现出不同控制灌排条件下水稻的光合累积状况以及相互之间的差别。

表6.1　各处理水稻冠层总光合量（$\sum P_c$）

年份	CK	HZL－1	LZH－1	HZL－2	LZH－2	HZL－3	LZH－3	HZL－4	LZH－4
2016	204.5[a]	173.9[b]	184.5[b]	221.1[a]	205.0[a]	197.4[a]	202.5[a]	207.4[a]	203.7[a]
2017	222.4[a]	189.2[b]	196.1[b]	240.3[a]	216.4[a]	217.3[a]	220.8[a]	214.1[a]	213.6[a]

注：相同年份同一行不同字母表示显著性差异（$P<0.05$）。

6.2　水稻源库特征指标

20世纪中期，作物生理学界基于植物灌浆过程的物质传输分配机制，对源库关系开展了大量研究，源库概念就成为描述和研究作物群体协作情况的常见术语与基础方法（Uddling et al.，2008）。源库概念一般是以同化物输出或输入的特征来表明的。作物生理学上，把源界定为代谢源（Metabolic

Source)，是制造和输出同化产物的器官或结构；把库界定为代谢库（Metabolic Sink），是接收和贮存同化产物的器官或结构。源与库之间具有相对性和可变性，可根据其所产生的作用不同而发生变化，有些器官或结构是固定的源，如含叶绿素的细胞与叶片；有些器官或结构是固定的库，如根、茎秆、生长中的花与果实；而有些器官或结构属源库两用型，如番茄等果实（盛大海等，2009）。对于结实器官生长期的作物，库主要包括成长中的籽实；源主要包括：进行光合作用的叶片，进行矿物质吸收与氨基酸激素等物质的合成及运输的根系，以及具有一定光合能力并将贮存同化产物输出的茎（鞘）（王志敏和方保停，2009）。

经典的稻作源库理论一般把绿叶界定为源，利用绿叶面积或叶面积指数（LAI）来表示源的特征；把最后贮存光合产物的器官界定为库，其特征利用单位面积上的颖花量表示；并把粒/叶作为评价群体源库关系的一个综合指标。鉴于叶面积作为源的指标不能表达出源的活性即光合能力，Wilson（1971）把源的强度表示为数量上容易变化的源大小（通常以 LAI 评价）与速率上容易变化的源活力（通常以 P_n 评价）的乘积。因此，本书采用 $\sum P_c$ 、最大 LAI 与根冠比作为评价水稻“源”的指标，有效穗数、每穗粒数、结实率与千粒重作为评价“库”的指标，总需水量作为协调源库关系的公共因子。

6.3 结构方程模型

6.3.1 结构方程模型概念

20 世纪中后期，相关学者建立了结构方程模型，首先主要应用于社会学相关领域。社会学领域内有很多不可测量的变量（如幸福度、工作能力、生活质量），并且这些变量大部分能够用其他变量来评价，根据这种状况，结构方程模型得以发挥用武之地（赵海洋，2017）。结构方程模型在应用过程中可以把因子分析与路径分析连接起来，可同时分析多个因变量并能够估算因子间结构与因子间的关系、容许自变量与因变量之间具有测量误差等优点，目前已被推广应用于各学科相关研究领域（李慧等，2015）。图 6.2 为结构方程路径图，椭圆形代表潜在变量；长方形代表观测变量；带单向箭头的圆代表误差；单向箭头代表一个变量对其他变量影响；双向箭头代表互相影响。

学者通常将结构方程模型总结为“三个二”，主要是指两类变量（潜变量与观测变量）、两个模型（测量模型与结构模型）以及两条路径（潜变量之间及潜变量与观测变量之间的路径）。潜变量为那些不能直接测量或观察的变量，它只能采用其他变量来间接说明，例如社会民生发展程度。潜变量分为外生潜变量（ξ_1 与 ξ_2）和内生潜变量（η_1 与 η_2），ε 与 δ 是 X 和 Y 测量上的误差。外生潜变量是指只影响其他变量而不被其他变量影响。内生潜变量是指可以受到其他变量的影响同时也会去影响其他变量。观测变量是指可以直接观察并能感触得到的变量，比如人均工资水平、人均国内生产总值等。观测变量与潜变量以及潜变量与潜变量之间可以相互关联。

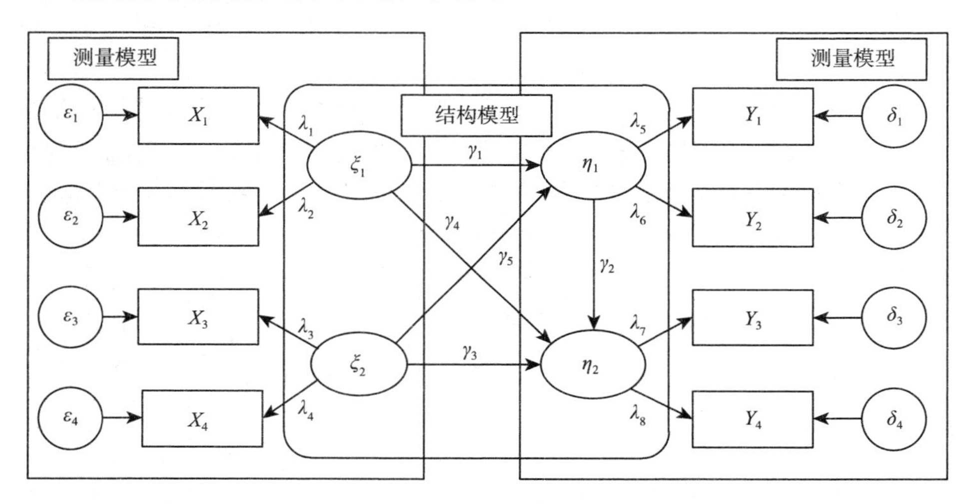

图 6.2　结构方程路径

6.3.2　测量模型和结构模型

（1）测量模型

测量模型可以表示观测变量与潜变量之间的关系。若潜变量被当作因子，则测量模型表示各指标与因子之间的关系，所以也被叫作因子模型，而模型中的函数被称为测量方程，其表达式如下：

$$X=\Lambda_X\xi+\varepsilon \tag{6-4}$$

$$Y=\Lambda_Y\eta+\delta \tag{6-5}$$

式中：ξ、η 为内生潜变量与外生潜变量；X、Y 为 ξ 与 η 的测量指标；Λ_X 为 X 指标与 ξ 潜伏变项的关系；Λ_Y 为 Y 指标与 η 潜伏变项的关系；ε、δ 为 X 与 Y 测量上的误差。

测量模型在结构方程模型中通常是指所谓的验证式因素分析，其主要用于检验多个测量变量可组成潜在变量的程度，即是指其验证的属于假设模型的内在模型适配度，主要评价测量变量和潜在变量的信度、效度，以及评估参数的差异水平等，包含收敛效度和区别效度。收敛效度为测量相同潜在特性的测验指标会降在同一共同因素上，而区别效度为测量不同潜在特性的测验指标会降在不同共同因素上。

（2）结构模型

结构模型可以表示潜变量与潜变量之间的因果关系，也叫做因果模型。模型中的函数称为结构方程，其表达式如下：

$$\eta=B\eta+\Gamma\xi+\zeta \tag{6-6}$$

式中：ξ、η 为内生潜变量与外生潜变量；ζ 为结构方程的残差项，表示了 η 未能描述的部分；B、Γ 为路径系数。

广义的结构方程模型包含多个测量模型和一个结构模型。建立结构方程模型遵守的简约原则应具有以下条件：一是对客观现象的说明要强而有力，即此理论是否精确且广泛地说明不同现象；二是理论必须是可检验的，可检验性是理论是否具备科学特性的条件之一，可以被检验的理论，才具备科学的特性，才可以对其所可能发生的错误做修正，使此理论能更正确地预测现象；三是理论必须具备简单性，在既有的解释程度之下，能够以愈少的概念和关系来呈现现象的理论愈佳。

6.3.3　结构方程模型的应用步骤

（1）模型设定

在构建基本结构方程模型前，首先应当确定好潜变量及选择好测量变量，在确定好的基础上，通过专业知识及实践经验确定好模型。其次，作为分析的基础，我们要用路径图标刻出各变量以及各变量之间相互关系的各项参数。

（2）模型识别

本书依据 Bollen 创建的 t 规则，对于模型中的参数可否由指标数据推算得到展开辨识。模型中存在参数不能被推算，那么模型就不能被鉴别。Bollen 创建的 t 规则是模型鉴别成立的必要条件；计算式为 $t\leqslant(p+1)(p+q+1)/2$，p 是内生可测量变量数，q 是外生可测量变量数，t 是需要被估算的参数数量。

（3）模型适配度检验

结构方程模型适配度检验主要是阐释变量间的关系，通常利用的适配指标包含：①卡方值（χ^2），卡方统计量是按照常规协方差结构的测量方法来评价整体模型的适配度，其值愈小说明模型的因果路径图与实测值愈适配，此外，χ^2 与自由度（df）比值小于 5，说明模型适配较好。②改进后良性适配指标 *AGFI*，它通过假设模型的自由度与模型变量个数的比值来改进 *GFI*（适配度指数），*AGFI* 数值范围为 0～1，数值愈接近 1，说明模型的适配度愈佳。③近似误差均方根 *RMSEA*，它是根据近似差异值的概念而估算出来，*RMSEA* 小于 0.05，说明模型适配度佳，*RMSEA* 数值范围为 0.05～0.08，说明模型适配度尚可。

（4）模型修正

如果模型的拟合度不符合标准，需对模型中的参数进行修正，对修正后的结构方程模型进行路径系数检验，并计算各个潜在变量的效用值，最后得出主要结论。

6.4 旱涝交替胁迫水稻“总需水量—冠层总光合量—群体质量及产量构成因子”关系

冠层光合作用是作物生长发育系统的能源及有机物质的最初来源，因此，假设水稻 $\sum P_c$ 与群体质量（最大 *LAI*、根冠比、茎质量、株高）、产量构成因子（有效穗数、每穗粒数、结实率、千粒重）之间均为单向的因果关系。此外，农田水位调控对水稻的生理、生长以及产量产生重要影响，因此，水稻总需水量与群体质量、产量构成因子之间也为单向因果关系。

根据水稻总需水量、$\sum P_c$、群体质量以及产量构成之间的关系特征，首先建立初始模型，其次通过改变误差变量相互之间的共变关系反复对初始模型进行优化修正，以求得最佳的适配，模型最终的输出结果见图 6.3。模型适配度检验的 χ^2（15.7）与 df（8）比值为 1.96，小于 5，符合标准；χ^2 显著性概率值为 0.15，未达到 0.05 显著水平，接受虚无假设，模型与样本数据间适配较好；*RMSEA* 为 0.07，小于 0.08，*AGFI* 接近于 1，模型适配合理。因此，模型各项指标表现较好，均达到适配要求，认为从统计学角度经过修正后得到的旱涝交替胁迫水稻“总需水量— $\sum P_c$ —群体质量及产量构成因子”之间的关系模型比较合理。

旱涝交替胁迫水稻总需水量、$\sum P_c$ 对群体质量及产量构成因子之间的作用效应见表 6.2。

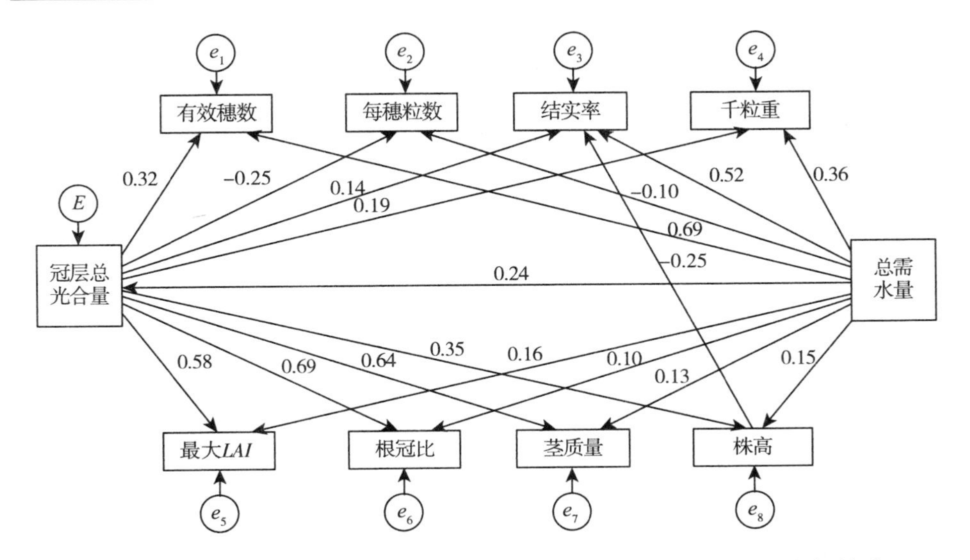

图 6.3　水稻总需水量、冠层总光合量与群体质量及产量构成因子之间关系

注：$\chi^2=15.7(p=0.14)$，$df=8$，$AGFI=0.91$，$RMSEA=0.07$；“e”和“E”是指误差变量，长方形是指观察变量，单箭头是指因果关系。

表 6.2　水稻总需水量、冠层总光合量对群体质量及产量构成因子的作用效应

变量	总需水量			冠层总光合量		
	总效应	直接效应	间接效应	总效应	直接效应	间接效应
冠层总光合量	0.24	0.24	0			
有效穗数	0.76	0.69	0.07	0.32	0.32	0
每穗粒数	−0.16	−0.10	−0.06	−0.25	−0.25	0
结实率	0.51	0.52	−0.01	0.05	0.14	−0.09
千粒重	0.41	0.36	0.05	0.19	0.19	0
最大 LAI	0.30	0.16	0.14	0.58	0.58	0
根冠比	0.27	0.10	0.17	0.69	0.69	0
茎质量	0.28	0.13	0.15	0.64	0.64	0
株高	0.23	0.15	0.08	0.35	0.35	0

由表 6.2 可知，总需水量与 $\sum P_c$ 对每穗粒数的作用为负效应（−0.25），这可能是由于分蘖期旱涝交替胁迫使水稻每穗粒数较高，而总需水量较低所致。总需水量对各变量总效应绝对值的前三位排序依次为：有效穗数（0.76）、结实率（0.51）、千粒重（0.41）；$\sum P_c$ 对各变量总效应绝对值的

前三位排序依次为：根冠比（0.69）、茎质量（0.64）、最大 LAI（0.58）。同时，总需水量对有效穗数、结实率、千粒重的总效果主要来自直接效应，$\sum P_c$ 对根冠比、茎质量、最大 LAI 的总效果等于直接效应，说明旱涝交替胁迫水稻需水量主要对产量的形成起到关键作用，而 $\sum P_c$ 主要侧重于影响水稻群体质量生长情况，且这种影响主要来自直接效应的作用。

6.5 旱涝交替胁迫水稻“源—库”关系

水稻的“源”和“库”是两个不可量化的潜在变量，它们只能通过筛选合适的可测量变量作为两者的反映性指标来说明其关系。按照作物源库定义，筛选出 $\sum P_c$、根冠比及最大 LAI 作为评价水稻“源”的观测指标；结实率、千粒重、有效穗数以及每穗粒数作为评价水稻“库”的观测指标；总需水量作为协调水稻源库关系的公共因子。依据以上指标可构建旱涝交替胁迫水稻“源—库”关系模型，如图 6.4。

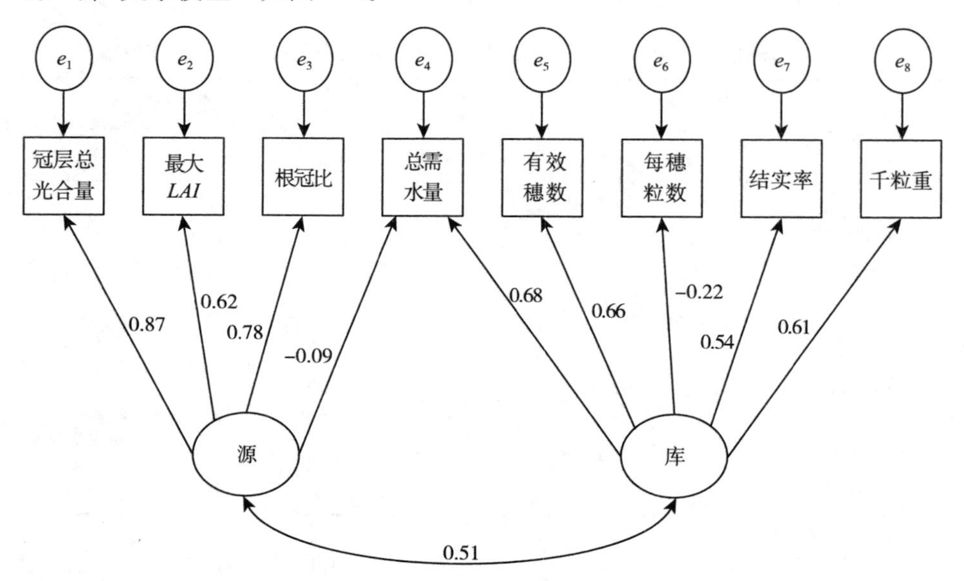

图 6.4 旱涝交替胁迫水稻“源—库”关系

注：$\chi^2=10.7(p=0.21)$，$df=7$，$AGFI=0.95$，$RMSEA=0.03$；“e”是指误差变量，长方形是指观察变量，椭圆形是指潜在变量，单箭头是指因果关系，双箭头是指相关关系。

模型适配度检验的χ^2(10.7)与df(7)比值为1.53，小于5，符合标准；χ^2显著性概率值为0.21，未达到0.05显著水平，接受虚无假设，模型与样本数据间适配较好；*RMSEA*为0.03，小于0.05，*AGFI*接近1，模型适配良好。因此，模型各项指标表现较好，均达到适配要求，认为从统计学角度经过修正后得到的旱涝交替胁迫水稻“源—库”关系模型合理。

潜在变量“源”与“库”之间的相关系数为0.51，说明旱涝交替胁迫水稻“源—库”之间呈现为中度的正相关关系。从“源”“库”对各指标的直接效应值可以看出，根冠比、最大*LAI*以及$\sum P_c$对“源”的评价起着重要作用，可以有效地反映水稻“源”的特征，而千粒重、结实率、每穗粒数、有效穗数以及总需水量可以有效地反映水稻“库”的特征。

6.6 旱涝交替胁迫水稻“需水量—光合量—产量”关系

由上述分析可知，结实率、千粒重、每穗粒数以及有效穗数4个产量构成因子与产量、$\sum P_c$、总需水量之间均存在直接的因果作用效应，是研究分析“需水量—光合量—产量”三者之间关系的关键中转因子。因此，通过产量构成因子作为中转因子构建旱涝交替胁迫水稻“需水量—光合量—产量”关系模型，见图6.5。

模型适配度检验的χ^2（3.6）与df（2）比值为1.80，小于5，符合标准；χ^2显著性概率值为0.27，未达到0.05显著水平，接受虚无假设，模型与样本数据间适配较好；*RMSEA*为0.06，小于0.08，模型适配较好。因此，模型各项指标表现较好，均达到适配要求，认为从统计学角度经过修正后得到的旱涝交替胁迫水稻“需水量—光合量—产量”关系模型比较合理。

旱涝交替胁迫水稻总需水量、$\sum P_c$对产量的作用效应见表6.3。由表6.3可知，旱涝交替胁迫水稻总需水量和$\sum P_c$对产量的直接和间接效应均为正值。总需水量对产量的总效应（0.77）大于$\sum P_c$（0.35），且这种影响主要来自间接效应（0.68），即对结实率、千粒重、每穗粒数以及有效穗数4个产量构成因子的作用。

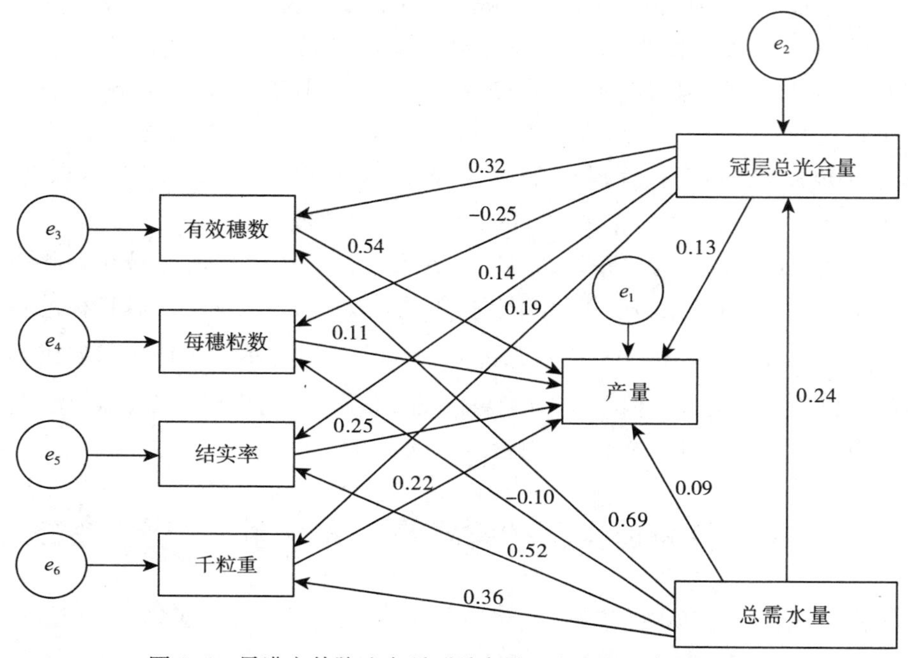

图 6.5　旱涝交替胁迫水稻“需水量—光合量—产量”关系

注：$\chi^2=3.6(p=0.27)$，$df=2$，$AGFI=0.87$，$RMSEA=0.06$；“e”是指误差变量，长方形是指观察变量，单箭头是指因果关系。

表 6.3　水稻总需水量与冠层总光合量对产量的作用效应

变量	总效应	直接效应	间接效应					
			总间接效应	有效穗数	每穗粒数	结实率	千粒重	冠层总光合量
总需水量	0.77	0.09	0.68	0.41	−0.01	0.13	0.08	0.07
冠层总光合量	0.35	0.13	0.22	0.17	−0.03	0.04	0.04	—

6.7　本章小结

本章基于作物源库理论，利用结构方程模型方法筛选出总需水量、群体质量、产量构成因子以及 $\sum P_c$ 等相关变量，分别以分析“源—库”“需水量—光合量—产量”“需水量—光合量—群体质量及产量构成因子”关系为研究目标，根据已知理论建立 3 个结构方程模型。

（1）分蘖期旱涝交替胁迫水稻 $\sum P_c$ 显著降低，拔节孕穗期进行先旱后涝胁迫可增加水稻总光合累积量。抽穗开花期和乳熟期进行旱涝交替胁迫对水稻总光合累积量无显著影响。通过进行结构方程模型的适配性检验，构建的关系模型与实测值适配良好，可以对水稻生理、生长、需水之间的复杂关系给予简洁、准确、清晰、合理的分析。

（2）通过分析旱涝交替胁迫水稻总需水量、$\sum P_c$ 与群体质量以及产量构成因子之间的相关关系，结果表明总需水量对各指标的作用效应（绝对值）的排序依次为：有效穗数（0.76）、结实率（0.51）、千粒重（0.41）；$\sum P_c$ 对各指标的作用效应值的排序依次为：根冠比（0.69）、茎质量（0.64）、最大 LAI（0.58），因此旱涝交替胁迫水稻需水量主要对产量的形成起到关键作用，而 $\sum P_c$ 主要侧重于影响水稻群体质量生长情况，且这种影响主要来源于直接效应。

（3）通过分析旱涝交替胁迫水稻“源—库”关系，表明“源—库”间相关系数为0.51，呈现中度正相关关系；根冠比、最大 LAI 以及 $\sum P_c$ 可以有效表明水稻“源”的特征，千粒重、结实率、有效穗数、每穗粒数以及总需水量可以有效地表明水稻“库”的特征。

（4）通过分析旱涝交替胁迫水稻“需水量—光合量—产量”关系，结果表明总需水量和 $\sum P_c$ 对产量的直接和间接效应均为正值，总需水量对产量的总效应（0.77）大于 $\sum P_c$（0.35），主要来自间接效应（0.68），即主要是对产量构成因子产生效应。因此在控制灌排条件下，要获得水稻高产，需对水稻需水进行合理的调控。

第七章　控制灌排条件下水稻生长模拟及节水减排效应

近些年来，随着计算机技术的发展，利用作物生长模型进行预测作物生长以及精确预报作物产量已取得长足发展（Deka et al.，2016；Setiyono et al.，2018）。通过作物生长模型能够模拟水稻生长发育动态响应过程及其与气候、水肥、栽培因子之间的数量关系，且可以对水稻进行系统的动态模拟及预测。DSSAT系统于1989年研制并推广应用，获得了良好的效果，其中的CERES-Rice模型侧重系统性、预测性以及应用性，具有较大的灵活性和更强的功能性（Hoang et al.，2016；Singh et al.，2017）。土壤水、热是影响土壤肥力的两个关键因素，两者既相互联系，又相互制约（付春晓等，2010）。土壤温度的变化对水稻根系的生长产生重要影响，从而间接影响水稻对水分和营养物质的吸收、养分的运输、贮蓄以及根的呼吸作用，最终对水稻的生长发育产生影响（陈丽娟等，2008）。而CERES-Rice模型的土壤温度模拟模块主要研究对象为传统淹水灌溉水稻生产体系，是否适用于控制灌排条件下水稻生长模拟尚属未知。因此，分析水稻各生育期不同水分条件下土壤温度变化规律，建立基于CERES-Rice模型的控制灌排稻田土壤温度模拟模型，为模拟控制灌排条件下水稻生长奠定了基础。

控制灌排条件下水稻生长经常受到旱涝交替胁迫，与传统淹水灌溉水稻生长发育环境有较大差异。由于目前的CERES-Rice模型主要侧重于传统淹水灌溉水稻的生长发育模拟，当通过该模型模拟控制灌排条件下水稻生长时，必须考虑控制灌排条件下稻田水分对积温的影响，改进和完善模型中的CERES-Rice稻田积温模拟模块，使其能较好地模拟控制灌排水稻生长。此外，研究不同灌排模式对水稻生长及节水减排效应的影响，对于提高水稻生产效益、降低污染排放、合理配置水资源、解决稻作区水资源不足以及农业面源污染，都是大有裨益的。

7.1　模型简介及原理

7.1.1　DSSAT 系统简介

近年来，未来气候变化情景与作物动态生长模型结合的评估方法已成为研究气候变化对农业生产影响的重要手段，其中 DSSAT 模型作为主要研究工具，获得了大面积推广应用。DSSAT 系统首次公开时间为 1989 年的 V2.1，1994 年公开 DSSAT V3.0，1998 年公开 DSSAT V3.5，2003 年公开 DSSAT V4.0，2014 年公开 DSSAT V4.5。DSSAT 系统由许多模块组成，主要包含以下五个部分：①数据存储管理系统，主要用于气象、土壤、品种等数据的输入、存储以及调用；②模型模块，主要用于调试并模拟作物生长发育的过程；③应用程序群（分析模块），主要用于分析呈现长期的农学模型试验；④辅助软件，主要用于提供进入相应模块的快捷工具；⑤用户界面。DSSAT 系统结构图见图 7.1。

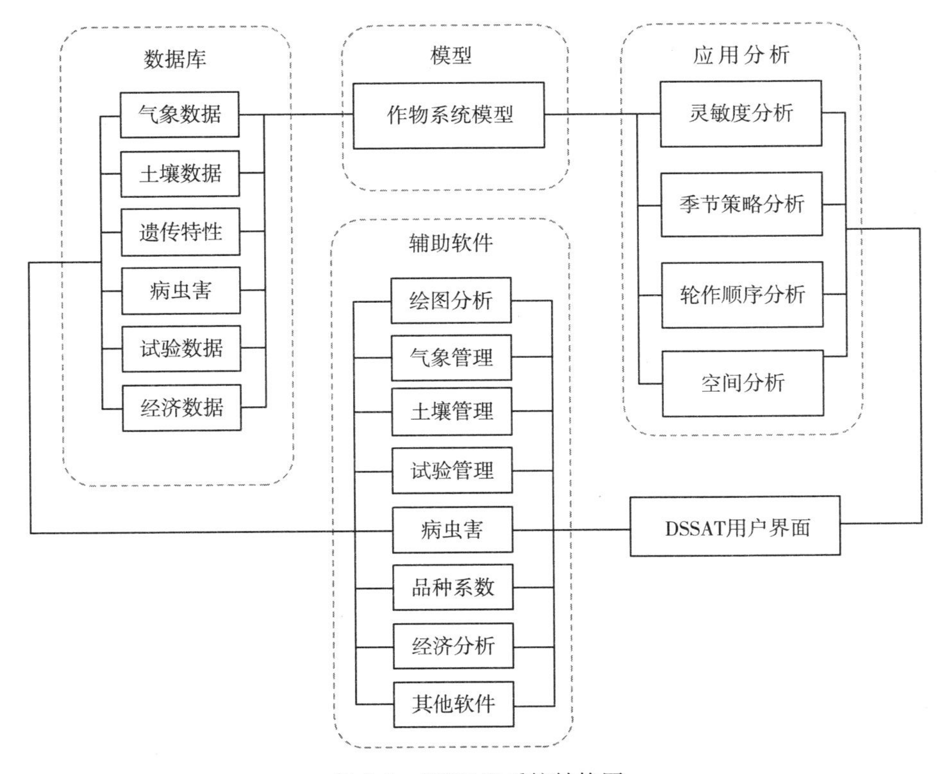

图 7.1　DSSAT 系统结构图

DSSAT 系统所有的作物模型及其需要的数据模块构成了基于路径的农作物系统模型（CSM）。CSM 综合考虑了作物品种遗传特征、土壤性质、气候变化及田间水分管理对作物的共同影响，可以模拟作物生长发育过程、土壤水分以及氮（碳）动态平衡。CSM 的组成和模块结构见图 7.2。

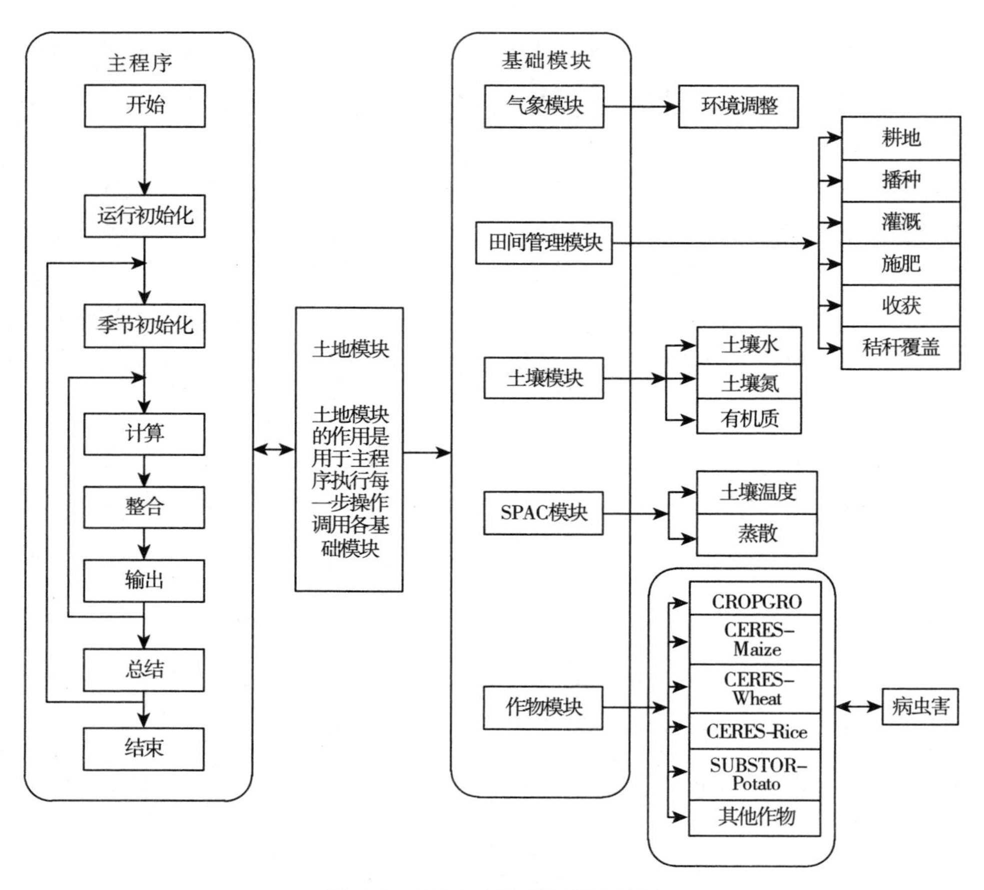

图 7.2　CSM 的组成和模块结构

7.1.2　CERES - Rice 模型简介及原理

CERES - Rice 模型是 DSSAT 系统中诸多的作物生长模型之一，其在 DSSAT 系统相关模块的支持下，可以研究多个影响因子（如气象、水分、品种等）对水稻生长发育以及产量形成的影响，由以下三部分组成：

（1）输入模块

主要包含海拔、气象站经纬度、土壤资料（土壤物理性质、水分参数、氮磷含量）、气象资料（降水量、日最高温度、日最低温度、太阳辐射量）、农田管理资料与作物遗传特征参数的数据文件以及所有试验处理的观测数据文件等。

（2）生理生长过程模拟模块

生理生长过程模拟模块主要由气象、土壤、土壤—作物—大气（SPAC）以及生长发育等四个子模块组成，可定量说明不同环境状况下作物的生长发育基本过程。

水稻生长发育子模块构建原理是通过光合、温度以及遗传参数来确定新生育期开始与结束时间，每个生育期均由各自累计积温确定。日累计积温（DTT,℃）是每天热时间之和，日最高气温（T_{max},℃）和日最低气温（T_{min},℃）介于9～33℃时，DTT 计算公式如下：

$$DTT=(T_{max}+T_{min})/2-9 \tag{7-1}$$

如果最高、最低气温超过上述给定的范围，则采用每3h的温度权重因子 $TTMP$（I=1，2，3，…，8，指每天包括八个权重因子）以及气温校正系数［TMFAC(I)］来修正 DTT，修正过程如下：

$$DTT=\begin{cases}\frac{1}{8}\sum_{I=1}^{8}DT(TTMP) & 9\leqslant TTMP(I)<44\\ 0 & TTMP(I)<9 \text{ 或 } TTMP(I)\geqslant 44\end{cases} \tag{7-2}$$

其中 DT 为中间变量，计算如下：

$$DT(TTMP)=\begin{cases}TTMP(I)-9 & 9\leqslant TTMP(I)<44\\ 24\left(1-\frac{TTMP(I)-33}{9}\right) & 33\leqslant TTMP(I)<44\end{cases} \tag{7-3}$$

式中

$$TTMP(I)=T_{min}+TMFAC(I)\times(T_{max}-T_{min}) \tag{7-4}$$

式中

$$TMFAC(I)=0.931+0.114I-0.070\,3I^2+0.005\,3I^3 \tag{7-5}$$

生长发育子模块对生物量的生产与分配进行了模拟。干物质生产的模拟速率（$CARBO$，g・plant^{-1}・d^{-1}）通过干物质的潜在产量（$PCARB$，g・

plant^{-1} · d^{-1})）以及胁迫因子（主要包含移栽休克因子、温度以及水分胁迫因子）计算取得：

$$CARBO = PCARB \times MIN(PRFT, SWFAC, TSHOCK) \quad (7-6)$$

式中：MIN 为最小值函数；$PRFT$ 为温度胁迫因子，0～1；$SWFAC$ 为水分胁迫因子，0～1；$TSHOCK$ 为休克因子，因为水稻移栽导致休克，通过移栽时温度与苗龄计算取得。

$PRFT$ 计算公式如下：

$$PRFT = 1 - 0.0025 \times [(0.25 \times T_{min} + 0.75 \times T_{max}) - 26]^2 \quad (7-7)$$

$SWFAC$ 被表示为根系吸水与潜在蒸腾比值，考虑了作物（根长、LAI 及作物系数等）、土壤（反射率、水分及水力学特性等）以及气象（辐射、气温等）等大量因素。计算公式如下：

$$SWFAC = \frac{TREUP}{EP_0} \quad (7-8)$$

式中：$TREUP$ 为潜在根系吸水；EP_0 为潜在蒸腾。

$PCARB$ 计算公式如下：

$$PCARB = \frac{5.85 \times PAR^{0.65}}{PLANTS^{0.975}} \times \left(1.0 - \frac{I_{i,direct}}{I_{dirrect}}\right) \times PCO_2 \quad (7-9)$$

式中：PAR 为光合有效辐射，一般为总太阳直射的一半（MJ · m^{-2} · d^{-1}）；$PLANTS$ 为播种密度（plants · m^{-2}）；$I_{i,direct}$ 为透射的太阳直射（MJ · m^{-2} · d^{-1}）；I_{direct} 为总的太阳直射（MJ · m^{-2} · d^{-1}）；$I_{i,direct}/I_{direct}$ 为作物群体光透射率；PCO_2 为 CO_2 对作物生长的效应值，0～1.5。

$I_{i,direct}/I_{direct}$ 采用 Beer 定律估算：

$$\frac{I_{i,direct}}{I_{direct}} = e^{-LAI \times MIN(0.625, TL)} \quad (7-10)$$

式中：LAI 为叶面积指数，m^2 · m^{-2}；TL 为种植系数，通过行距和播种密度的指数函数计算。

LAI 主要通过叶片生长与叶片衰老之差进行计算。叶片生长采用 Gompertz 方程通过积温指数函数与叶片数推算，叶片衰老与作物生长发育（积温）以及环境因素（水、温度、遮阴等）有关。

（3）输出与分析模块

由于模型模拟目的不同，CERES - Rice 模型会出现不同类型的输出文件，主要包括总结性文件（如概况文件、总结文件以及预估文件等）与逐日模拟文件（主要说明作物生长、水分变化以及生长周期内的病虫害等）。

7.2 数据库组建

本书气象数据由试验田气象站实测获得，气象数据包含降水量、日照时数、太阳辐射、日最高气温及日最低气温。2015—2017 年气象数据见图 7.3。土壤数据根据实测数据获得（表 2.1）。

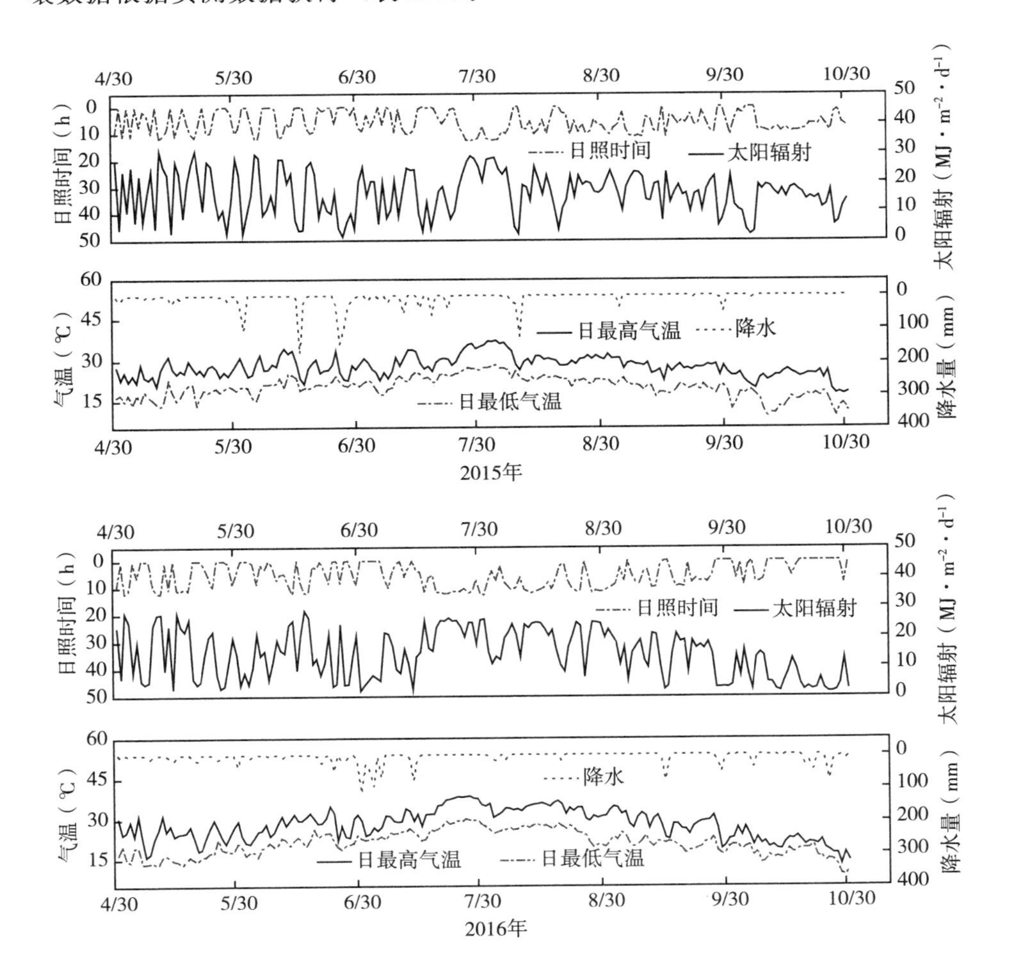

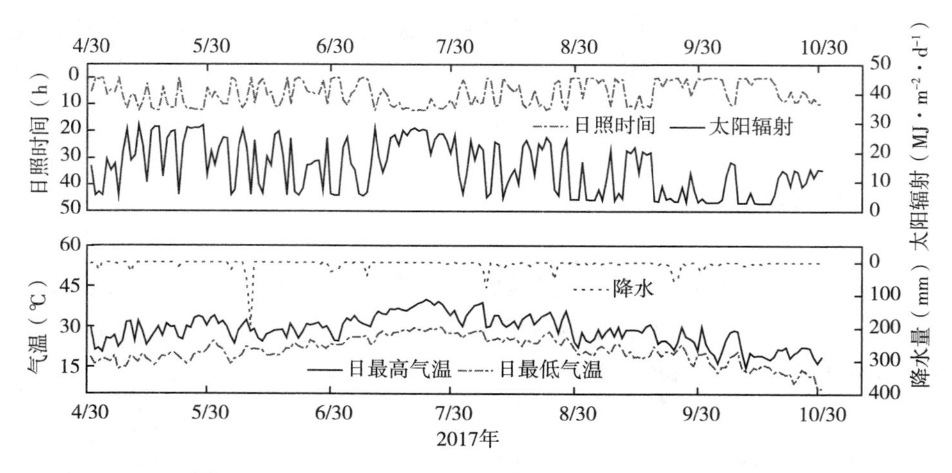

图 7.3　2015—2017 年生育期内降水、气温和太阳辐射

7.3　控制灌排条件下稻田土壤温度变化特征

在水稻生长过程中，土壤温度直接影响根系的生长和根系对水分和营养物质的吸收、养分的运输、贮蓄以及根的呼吸作用等（孙华银，2008）。不同稻田土壤水分条件下，田间地表有水层与无水层以及旱涝程度、时间等都影响土壤温度的分布。此外，土壤的温度随着太阳的辐射也存在周期性变化。每日最高和最低土壤温度之差，称为土温日变幅。

7.3.1　不同农田水位 5cm 处土壤温度日变化特征

水稻 80%左右的根系生长在犁底层以上土层中（10～15cm 厚），因此分析不同农田水位调控下表层土壤温度的日变化规律，为制定合理控制灌排策略提供参考。本书选择了根系土层中有代表性的位置 5cm 处作为表层土的观测点。图 7.4 为 2015 年 8 月 6 日不同农田水位条件下 5cm 土壤温度日变化。不同农田水位条件下 5cm 土壤温度日变化规律相似，呈现先增加后降低的趋势。从日出开始，随太阳辐射的不断增强，表层土壤温度逐渐增加，农田水位为 2cm，0cm，－30cm，－50cm 的处理在 14：00 点达到最大值，而农田水位为 25cm 和 15cm 的处理在 16：00 达到最大值。淹水深度为 25cm 和 15cm 时，表层土壤夜间温度明显大于其他处理，而白天温度小于其他处理。

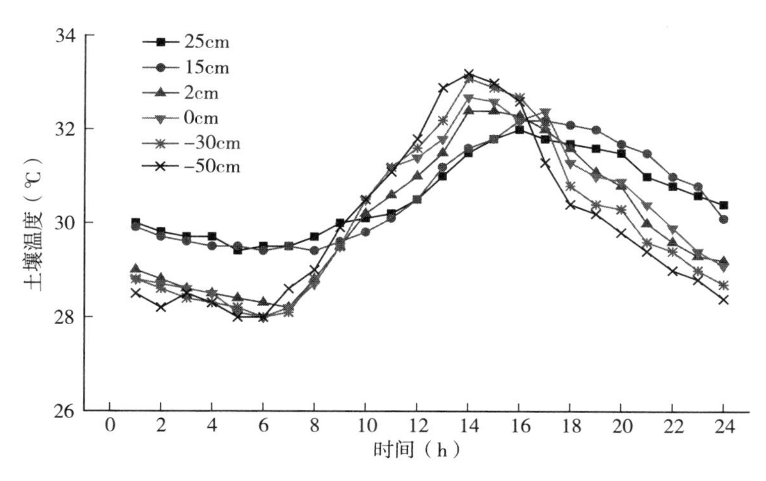

图 7.4　不同农田水位条件下 5cm 土壤温度日变化（2015 年 8 月 6 日）

由表 7.1 可知，农田水位为 25cm 和 15cm 处理的表层土壤日平均温度显著比其他水位大 0.4～0.6℃，而水位为 25cm 和 15cm 处理的表层土壤日变幅显著比其他小 1.4～2.6℃。这主要是因为在外部环境条件相同时，土壤含水量的变化是引起土壤温度变化的关键因素，当土壤含水量升高时，土壤温度相应降低，土壤含水量与土壤温度之间呈现明显的负相关关系（陈丽娟等，2008)。淹水稻田水层较深，由于水的比热容较大，相同日照时间和相同辐射强度下吸热较多，因此淹水（25cm 和 15cm）处理土壤表层日平均温度较其他处理高。此外，淹水处理土壤热容量大，吸收或消散相等的热量，土壤温度变化幅度较小，且稻田较深水层也可以具有白天降温，夜间保温的效果，因此淹水处理土壤表层温度日变幅较其他处理小。稻田地下水位较深时，日最高土壤表层温度与昼夜温差均产生较大幅度提高，可以对根系生长素的分泌和生物量的积累产生积极作用。因此水稻生长期进行适当旱胁迫，既可以节约灌水量，又可以控制调节土壤温度，扩大温差，促进植株生长。

表 7.1　不同农田水位条件下 5cm 土壤日平均温度及日变幅

土壤温度形式	农田水位（cm）					
	25	15	2	0	−30	−50
平均温度（℃）	30.6[a]	30.6[a]	30.1[ab]	30.2[ab]	30.1[ab]	30.0[b]
日变幅（℃）	2.6[c]	2.8[c]	4.2[b]	4.7[ab]	5.1[a]	5.2[a]

注：同一行不同字母表示各处理呈显著性差异（$P<0.05$）。

7.3.2 各生育期5cm处土壤温度日变化特征

在水稻的不同生育期内，因受气温、作物覆盖度、太阳辐射强度以及日照时间等因素的影响，控制灌排条件下各生育期不同水位调控对土壤表层温度产生的影响差异较大。图7.5为各生育期不同水位调控土壤温度的日变化过程。HZL-1、HZL-2、HZL-3和HZL-4（淹水）处理的农田水位为20cm左右，LZH-1、LZH-2、LZH-3和LZH-4（受旱）处理的农田水位为−45cm左右，CK的农田水位为2cm左右。各生育期受旱和CK处理的土壤温度日变化与气温相似，日出后土壤开始吸热，土壤逐渐升温，至午后两点左右达到最高。这是因为中午太阳辐射强度最大，土壤吸热大于失热，温度得以继续上升，午后两点左右，土壤热量的收入与支出达到平衡时，土温才停止上升，此时是日最高土温，随后太阳辐射强度逐渐减弱，表层土壤失热大于吸热，温度平缓下降，至次日清晨出现日照以前5～7h达到最低温度。淹水处理的土壤温度变化比较缓慢，土壤升温和降温延迟在各生育期都比较明显。这是由于淹水处理水层厚，水的比热容大，相同太阳辐射强度和相同日照时间下吸热较多，但散热慢，具有保温作用。各处理的土壤最高日温度明显低于气温，且随着水稻生育阶段的发展，差值逐渐增大。这主要是因为随着水稻生长发育，地表植被覆盖度增加，土壤被太阳辐射的强度降低，特别是在水稻乳熟期，日照时间变短和太阳辐射降低，导致最高土壤温度和最高气温差值进一步扩大。

从表7.2可知，在各生育期，淹水处理的土壤日平均温度显著大于受旱处理，而日变幅显著低于受旱和CK处理。相同水分条件下，2015年各生育期土壤日平均温度大小排序逐次为：拔节孕穗期>分蘖期>抽穗开花期>乳熟期，2016年各生育期土壤日平均温度大小排序逐次为：分蘖期>拔节孕穗期>抽穗开花期>乳熟期，说明水稻生育前期土壤日平均温度显著大于生育后期，且各生育期之间差别显著。同时，在相同水分条件下，分蘖期和乳熟期土壤温度日变幅显著大于拔节孕穗期和抽穗开花期，其中抽穗开花期是全生育期土壤温度日变幅最小的时期，其变化主要与地表的植被覆盖度较大有关。

7.3.3 垂向土壤温度日变化特征

以2015年8月6日和2016年8月15日数据为例，不同农田水位条件下

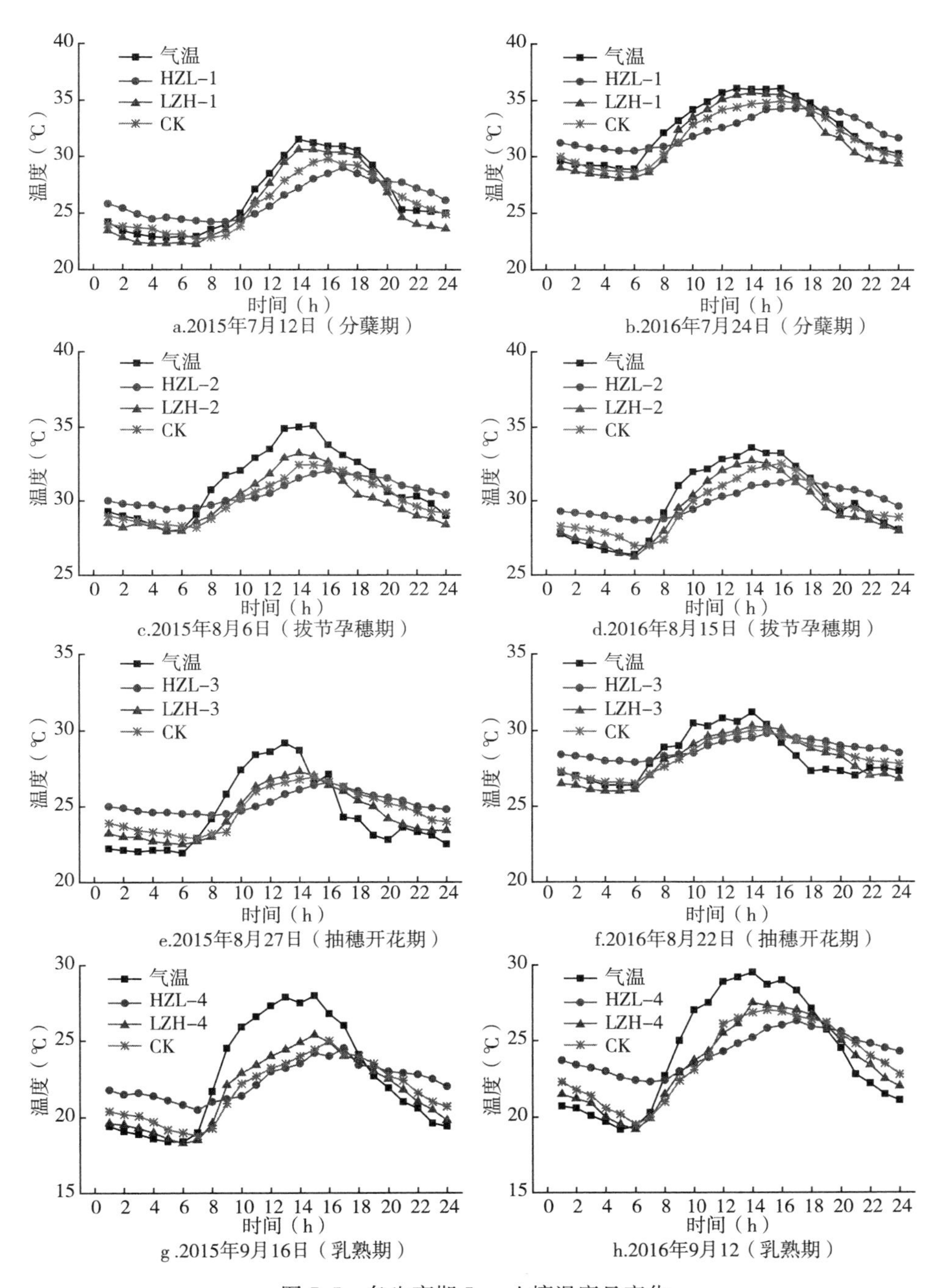

图 7.5　各生育期 5cm 土壤温度日变化

表 7.2　各生育期不同农田水位条件下 5cm 土壤日平均温度及日变幅

单位:℃

生育期	处理	2015 年				2016 年			
		平均气温	气温日变幅	土壤日平均温度	土壤日变幅	平均气温	气温日变幅	土壤日平均温度	土壤日变幅
分蘖期	HZL-1	26.4	8.7	26.2^{c}	4.8^{d}	32.5	7.2	32.3^{a}	3.8^{e}
	LZH-1			25.6^{de}	8.4^{a}			31.6^{b}	7.6^{ab}
	CK			25.8^{cd}	7.1^{b}			31.8^{ab}	6.4^{c}
拔节孕穗期	HZL-2	31.2	7.1	30.6^{a}	2.6^{g}	29.9	7.2	30.0^{c}	2.8^{f}
	LZH-2			30.0^{b}	5.2^{cd}			29.4^{d}	6.5^{c}
	CK			30.1^{ab}	4.2^{e}			29.6^{cd}	5.5^{d}
抽穗开花期	HZL-3	24.5	7.3	25.2^{e}	2.2^{g}	28.3	4.8	28.8^{e}	1.9^{g}
	LZH-3			24.5^{f}	4.8^{d}			28.0^{f}	4.0^{e}
	CK			24.8^{ef}	4.0^{e}			28.3^{f}	3.5^{e}
乳熟期	HZL-4	22.6	9.6	22.3^{g}	3.4^{f}	24.2	10.3	24.2^{g}	4.0^{e}
	LZH-4			21.7^{h}	6.8^{b}			23.5^{h}	8.3^{a}
	CK			21.8^{h}	5.6^{c}			23.7^{h}	7.1^{bc}

注：HZL、LZH、CK 处理的农田水位分别为 20cm、−45cm、2cm 左右；同一列不同字母表示各处理显著性差异（$P<0.05$）。

垂向土壤温度日变化见图 7.6。HZL-2 处理（淹水）的农田水位为 20cm 左右，LZH-2 处理（受旱）的农田水位为−45cm 左右，CK 处理的农田水位为 2cm 左右。随着土层深度的加深，土壤温度最高值出现时间也相应延迟，各处理的土壤温度升温速率均沿深度递减。CK 处理的 5cm、20cm 和 40cm 深度的土壤日最高温度分别出现在 14：00、18：00 和 20：00（2015 年）及 15：00、17：00 和 19：00（2016 年），说明随着土层深度的增加，土壤温度向深层传输过程相对太阳辐射的滞后性逐步变大，这与王铁良等的研究结果相同。不同土壤水分条件下，淹水处理各土层日最高温度出现时刻比 CK 处理相对滞后，受旱处理 5cm 和 40cm 土层土壤日最高温度较 CK 提前 1h，20cm 土层提前1～2h。各处理土壤日最低温度出现的时刻均随深度的增加而滞后，而陈丽娟等（2008）研究发现麦田深层土壤日最低温度出现时刻与表层相差不大，可能是因为稻田土壤含水量高，不同土层之间传热较慢所导致。

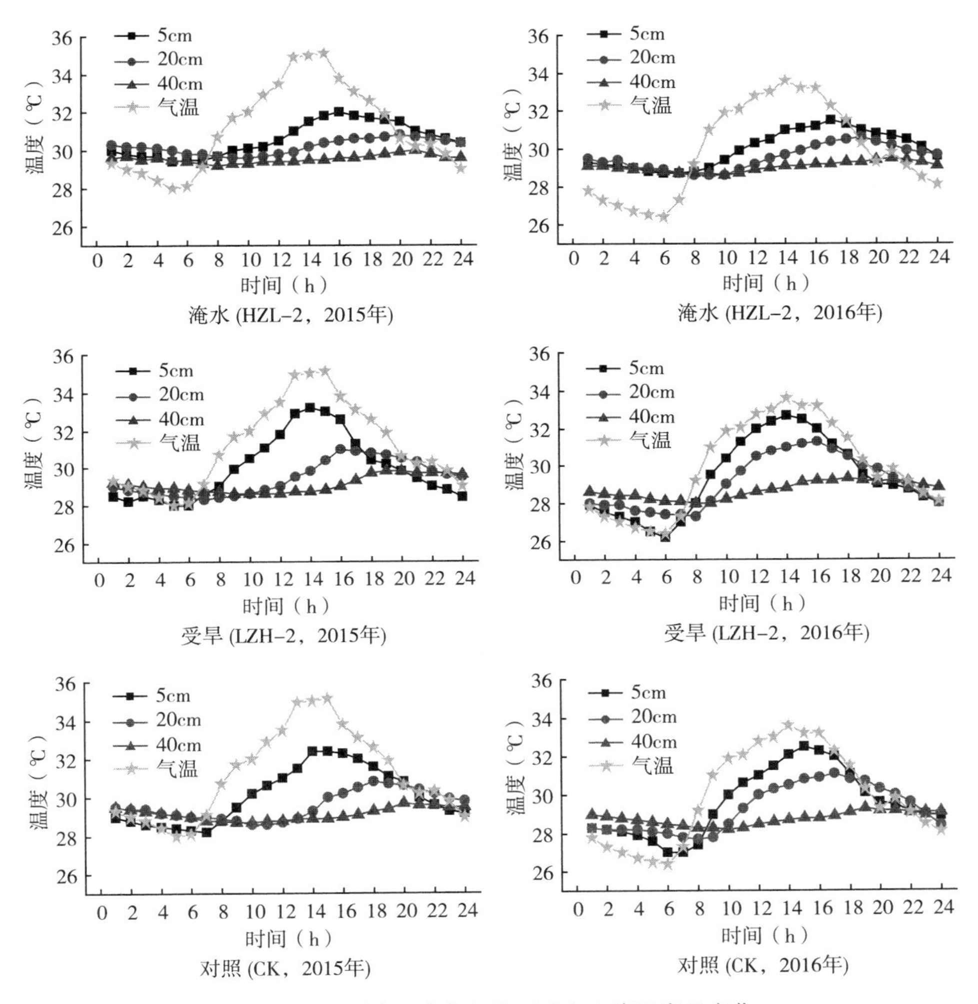

图 7.6　不同农田水位条件下垂向土壤温度日变化

从表 7.3 可以看出，与 CK 相比，淹水处理各层日平均温度增加了 0.5℃、0.6℃和 0.4℃（2015 年）及 0.4℃、0.2℃和 0.2℃（2016 年），受旱处理各层日平均温度降低了 0.1℃、0.2℃和 0℃（2015 年）及 0.2℃、0.2℃和 0.1℃（2016 年），但差异不显著（$P \geqslant 0.05$），并且增加和降低的幅度随深度增加总体呈现减少的趋势。在相同水分条件下，5cm、20cm、40cm 土层土壤温度日变幅差别显著（$P<0.05$）。因此，稻田土壤日平均温度和日变幅均沿土层深度的增加而递减，其中各层土壤温度日变幅之间差别显著（$P<0.05$）。

表 7.3 不同农田水位条件下垂向土壤日平均温度及日变幅

处理	土壤温度形式	2015 年			2016 年		
		5cm	20cm	40cm	5cm	20cm	40cm
HZL-2（淹水）	日平均温度（℃）	30.6[a]	30.2[ab]	29.5[c]	30.0[a]	29.5[b]	29.0[b]
	日变幅（℃）	2.6[a]	1.2[b]	0.8[c]	2.8[a]	2.0[b]	0.9[c]
LZH-2（受旱）	日平均温度（℃）	30.0[a]	29.4[b]	29.1[c]	29.4[a]	29.1[ab]	28.7[b]
	日变幅（℃）	5.2[a]	2.7[b]	1.2[c]	6.5[a]	4.0[b]	1.3[c]
CK	日平均温度（℃）	30.1[a]	29.6[b]	29.1[c]	29.6[a]	29.3[a]	28.8[b]
	日变幅（℃）	4.2[a]	2.2[b]	1.0[c]	5.5[a]	3.4[b]	1.1[c]

注：相同年份同一行不同字母表示各层显著性差异（$P<0.05$）。

7.4 控制灌排条件下稻田土壤温度变化模拟

7.4.1 土壤温度的模拟方法

CERES-Rice 模型以土壤温度模型来计算不同土层的土壤日平均温度（Williams et al.，1984）：

$$T(Z_i, t)=\overline{T}+e^{\beta}\times\left[\frac{ATA}{2}\times\cos(\alpha+\beta)+\eta\right] \tag{7-11}$$

式中：Z_i 为第 i 层土壤中心距地表的深度（cm）；t 为每年中的依次天数（DAY）（d）；$T(Z_i, t)$ 为第 i 层土壤第 t 天的日平均温度（℃）；$\overline{T}$ 为年平均气温（℃）；ATA 为日平均气温的年变幅（℃）；α 为计算第 t 天理想土壤表面温度 $T(0, t)$ 的因子；β 为土壤温度随土层深度衰减变化的因子；η 为随时间变化的实际土壤表面温度修正因子（℃）。各参数因子的计算过程分别解释如下：

α 采用时间 t 与每年中温度最高的一天 $HDAY$（北半球一般假设为 200）计算：

$$\alpha=\frac{2\pi}{365}(t-HDAY) \tag{7-12}$$

此外，β 由土层深度 Z_i（cm）与土壤温度衰减深度 DD（mm）的比值决定：

$$\beta=-\frac{Z_i\times 10}{DD} \tag{7-13}$$

其中：

$$DD=DP\times e^{\left[\left(\frac{1-WC}{1+WC}\right)^2\ln\left(\frac{500}{DP}\right)\right]} \tag{7-14}$$

$$DP=1\ 000+\frac{2\ 500\rho_b}{\rho_b+686e^{-5.63\rho_b}} \tag{7-15}$$

$$WC=\frac{\theta-\theta_L}{(0.356-0.144\rho_b)} \tag{7-16}$$

式中：DP、WC 为临时变量；ρ_b、θ、θ_L 为模拟土壤层的干容重（$g \cdot cm^{-3}$）、体积含水量（$cm^3 \cdot cm^{-3}$）与萎蔫含水量（$cm^3 \cdot cm^{-3}$）。

η 则由前1d的土壤表面温度值 T_{surf-1}（℃）、前1d的（T_{air-1}）和前4d的（T_{air-4}）日平均气温（℃）以及 $T(0, t)$ 予以决定：

$$\eta=\frac{(5T_{air-1}-T_{air-4}+T_{surf-1})}{5}-T(0, t) \tag{7-17}$$

$$T_{surf}=(1-S_{ALB})\times\left[T_{air}+(T_{max}-T_{air})\times\left(\frac{SRAD}{800}\right)^{\frac{1}{2}}\right]+S_{ALB}\times T_{air} \tag{7-18}$$

式中：T_{max} 为日最高气温，S_{ALB} 为土壤表面和覆盖物的反射率；$SRAD$ 为日辐射值（$MJ \cdot m^{-2} \cdot d^{-1}$）。

式（7-17）通过前4d气温与前1d土壤表面温度计算 η，从而引起低估、滞后现象，所以为了降低简单采用日平均气温计算 η 所引起的低估误差，经反复调试，将原式（7-17）修正为：

$$\eta=\frac{(5T_{air}-T_{air-1}+T_{surf})}{5}-T(0, t) \tag{7-19}$$

由于稻田土壤含水量较大，稻田表层（5cm）土壤温度采用式（7-11）误差较大，通常稻田土壤表层的最高温度（T_{smax}）和最低温度（T_{smin}）由日平均气温（T_{air}）、最高气温（T_{max}）和最低气温（T_{min}）决定（马雯雯，2016）：

$$T_{smax}=\frac{T_{air}+T_{max}}{2} \tag{7-20}$$

$$T_{smin}=\frac{T_{air}+T_{min}}{2} \tag{7-21}$$

太阳的辐射作用使土壤经历放热或吸热循环过程，从而导致土壤温度产生变化。由于到达地面的太阳辐射具有一定的区域性差异化，因此不同气候条件下稻田土壤日最高温度和最低温度也可以随区域环境差异而发生变化，且不同的稻田水层深度和土壤含水量也会影响土壤温度，但公式（7-20）和（7-21）却难以反映这些差异，因此应根据具体情况进行检验、验证和适当调整。检验结果表明，当水位大于5cm时，将式（7-20）调整为：

$$T_{smax}=\frac{T_{air}+T_{max}}{2}-1 \tag{7-22}$$

当水位低于0cm时，将式（7-21）调整为：

$$T_{smin}=\frac{T_{air}+T_{\min}}{2}-2 \tag{7-23}$$

由上述推导计算过程可知，本书土壤温度模型所采用的各类参数分别来自实测（如土壤干容重、覆盖物反射率、土壤含水量等）和从相关文献中获得的理论值或经验模型（如比热容、导热率、土壤表面理想温度）等两类，其中与温度相关的参数（包括土壤所能升到的最高温度、降到的最低温度、地表温度矫正因子、表层土壤理想温度、土温衰减因子）基本采用经验公式予以计算。以上调参均根据 2015 年的实测数据进行，为节约篇幅和便于分析对比结果，将 2015 年调参效果和 2016 年检验模拟效果一起展示，不再单独分析。

7.4.2 模拟结果与分析

在外界生长环境相同的条件下，农田水位是影响稻田土壤温度的主要因素，因此本书选取拔节孕穗期涝旱（旱涝）转换前 5d 和后 5d 的土壤日平均温度、日最高温度和日最低温度进行模拟分析。图 7.7、图 7.8 和图 7.9 为拔节孕穗期土壤日平均温度模拟情况。

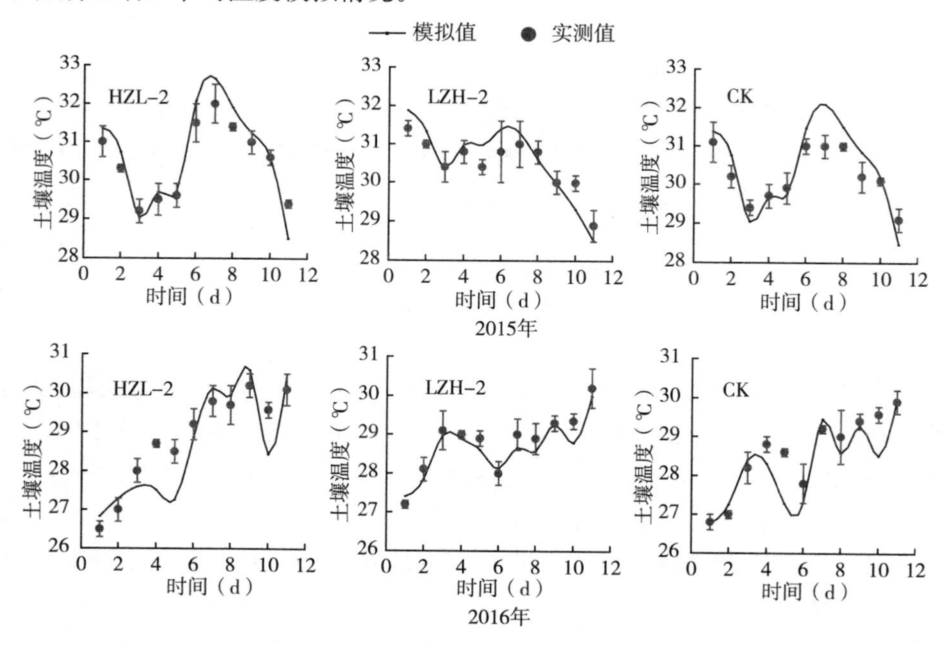

图 7.7 不同农田水位条件下 5cm 土层土壤日平均温度模拟值和实测值（拔节孕穗期）

注：图中第 6d 为旱涝急转当日和前期涝结束当日，下图同。

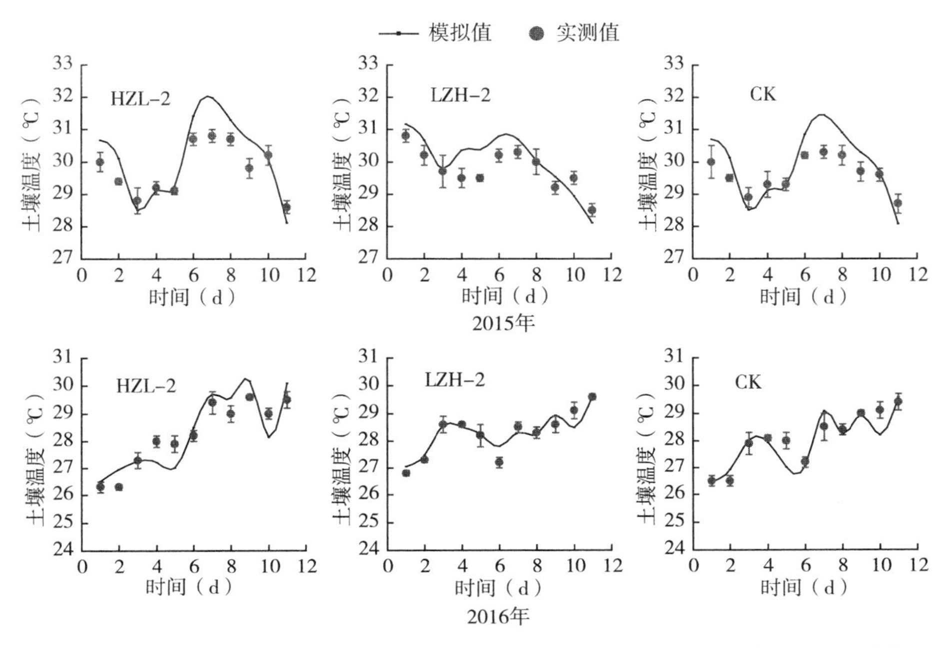

图 7.8　不同农田水位条件下 20cm 土层土壤日平均温度模拟值和实测值（拔节孕穗期）

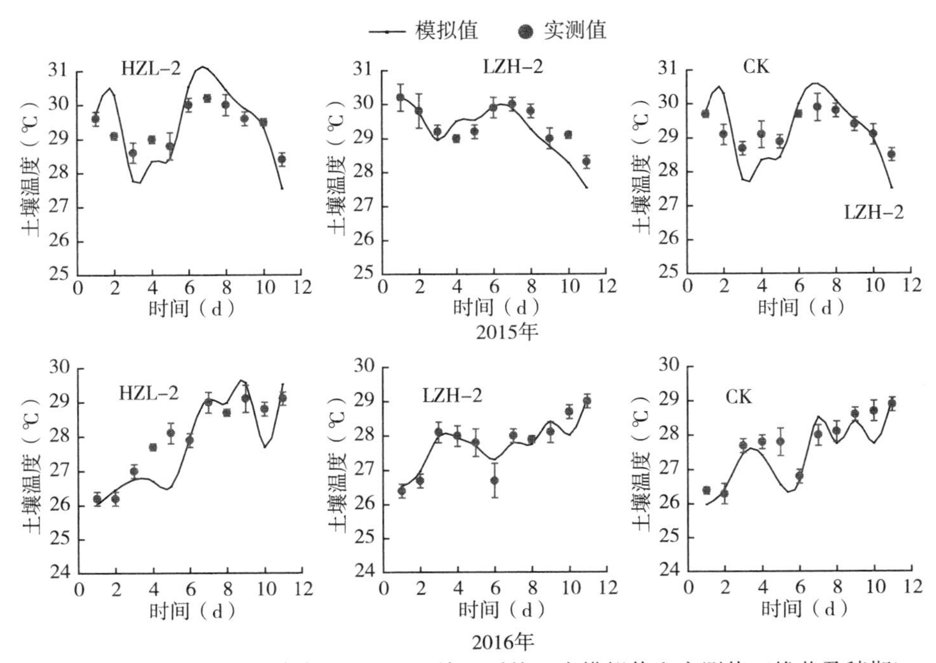

图 7.9　不同农田水位条件下 40cm 土壤日平均温度模拟值和实测值（拔节孕穗期）

从图7.8、图7.9中可以看出，各处理不同土层深度下土壤日平均温度模拟值与实测值之间的变化趋势大致相同。模拟值和实测值两者之间的*RMSE*在1.00℃之内，*NRMSE*均小于5%，而*R*除个别年份和处理外均在0.80以上（表7.4），因此模型可以很好模拟试验条件下各处理不同土层深度的土壤日平均温度变化。HZL－2和LZH－2处理在受旱阶段的土壤日平均温度稍小于CK，受涝阶段大于CK。在所选取的控水阶段的各处理5cm、20cm和40cm的土壤日平均温度振幅分别为：HZL－2处理为2.8℃、2.2℃、1.8℃（2015）及3.7℃、3.3℃、2.9℃（2016）；LZH－2处理为2.5℃、2.3℃、1.9℃（2015）及3.0℃、2.8℃、2.6℃（2016）；CK为2.0℃、1.6℃、1.4℃及3.1℃、2.9℃、2.6℃。可以看出，各处理土壤日平均温度变化振幅随土壤深度增加逐渐降低。HZL－2处理的变化振幅在2015年和2016年都大于CK，而LZH－2在2016年和CK基本相同，这主要是因为LZH－2在受涝阶段气温较低，而淹水使土壤日平均温度升高，从而导致LZH－2所取2016年控水阶段的土壤日平均温度变化振幅与CK相差不大。因此，对水稻进行旱涝交替胁迫可能提高水稻生育阶段的土壤日平均温度变化振幅，对水稻干物质的积累可能产生一定的促进作用，具体的影响有待进一步的研究。

表7.4　2015年和2016年不同处理不同深度土壤日平均温度模拟精度评价指标

年份	土层深度（cm）	HZL－2			LZH－2			CK		
		RMSE（℃）	*NRMSE*（%）	*R*	*RMSE*（℃）	*NRMSE*（%）	*R*	*RMSE*（℃）	*NRMSE*（%）	*R*
2015	5	0.45	1.48	0.98	0.40	1.32	0.95	0.53	1.74	0.97
	20	0.78	2.66	0.90	0.68	2.28	0.77	0.62	2.09	0.95
	40	0.79	2.70	0.81	0.51	1.74	0.75	0.63	2.17	0.87
2016	5	0.68	2.38	0.88	0.46	1.58	0.81	0.65	2.22	0.82
	20	0.74	2.66	0.86	0.33	1.17	0.90	0.47	1.66	0.89
	40	0.87	3.12	0.80	0.33	1.18	0.90	0.53	1.93	0.88

由于处理间20cm（40cm）土层土壤日最高温度或日最低温度差别较小，因此，我们选取拔节孕穗期HZL－2和LZH－2处理的5cm土层日最高温度和日最低温度的模拟值与实际值进行对比分析（图7.10和图7.11）。

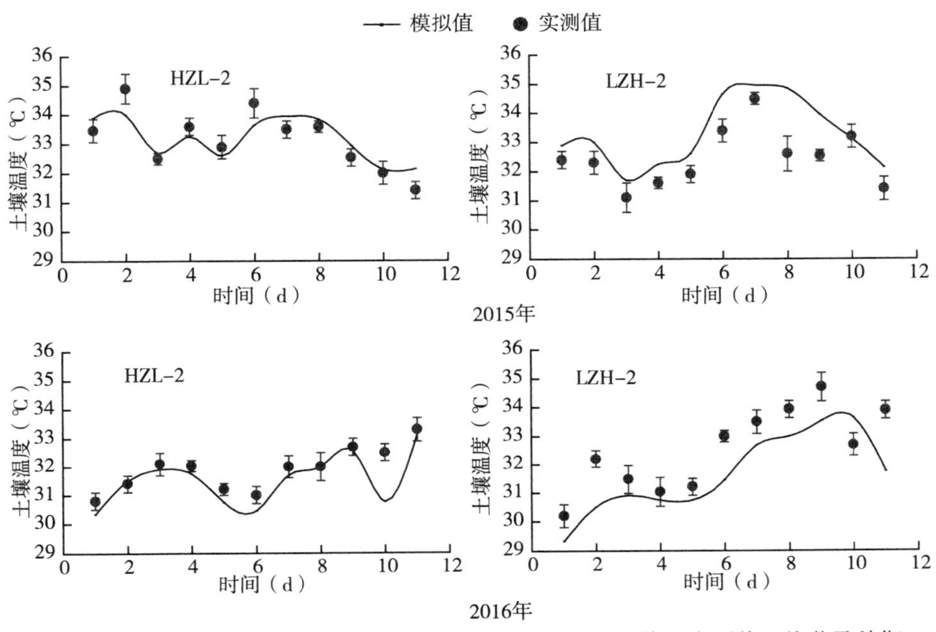

图 7.10　农田水位调控下 5cm 土层土壤每日最高温度模拟值和实测值（拔节孕穗期）

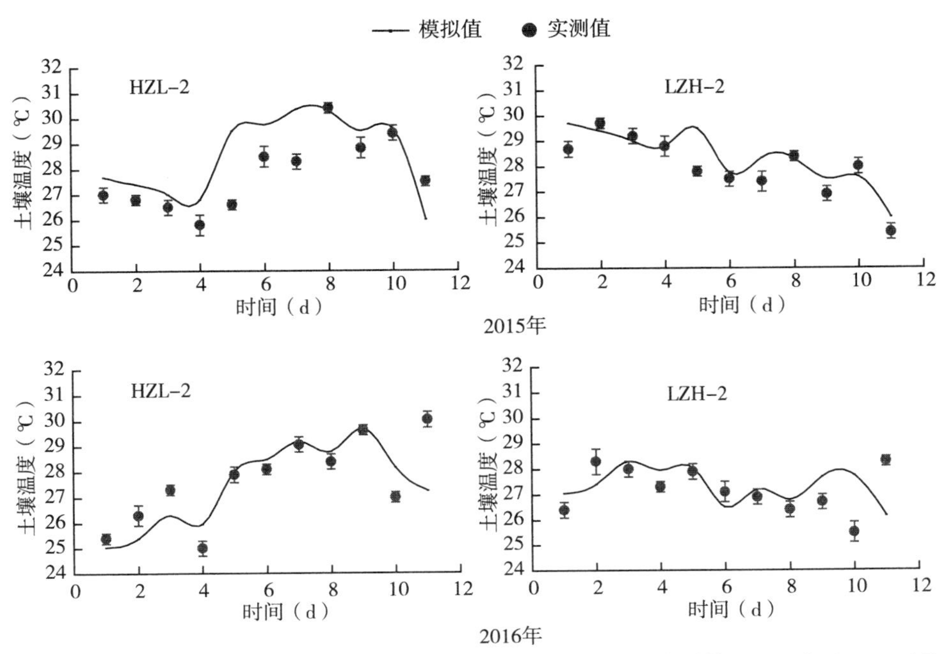

图 7.11　农田水位调控下 5cm 土层土壤每日最低温度模拟值和实测值（2015 年和 2016 年）

从图中可以看出，各处理5cm土层日最高温度和最低温度的模拟值与实际值之间的变化趋势大致相同。模拟值和实测值两者之间的*RMSE*在1.50℃之内，*NRMSE*均小于5%，而*R*均在0.70以上（表7.5），表明模型可以很好模拟试验条件下各处理5cm土层深度的土壤每日最高和最低温度的变化。通过对比发现，稻田在受涝时的土壤逐日最高温度低于受旱，逐日最低温度高于受旱，进一步说明了稻田淹水降低了土壤日最高温度，提高了日最低温度，可能对水稻干物质积累产生不利的影响，从而影响水稻的产量。因此，应避免稻田长时间的淹水。

表7.5　2015年和2016年不同处理5cm土壤逐日最高和最低温度模拟精度评价指标

年份	土壤温度（℃）	HZL－2			LZH－2		
		RMSE（℃）	*NRMSE*（%）	*R*	*RMSE*（℃）	*NRMSE*（%）	*R*
2015	日最高温度	0.50	1.53	0.87	1.02	3.14	0.85
	日最低温度	1.31	4.73	0.71	0.73	2.62	0.84
2016	日最高温度	0.60	1.89	0.83	0.97	2.99	0.94
	日最低温度	1.06	3.82	0.77	0.61	2.25	0.73

7.5　CERES－Rice模型的改进

GERES－Rice模型中的生长发育进程、干物质积累、产量均与水稻各生育阶段积温有关。与传统淹水灌溉水稻相比，控制灌排水稻会导致土壤温度和根系层水分环境发生较大变化，原CERES－Rice模型中的作物生长积温可能难以反映控制灌排对水稻生长的影响，需根据实际情况予以改进。因此，通过控制灌排稻田土壤表层温度与传统灌溉稻田表层土壤温度的差异对GERES－Rice模型中的积温计算过程进行修正。将GERES－Rice模型中积温计算式（7－1）和式（7－2）分别乘以积温修正系数k，其主要由控制灌排土壤表层温度与传统灌溉稻田土壤表层温度的比值（式7－20、式7－22和式7－23）决定，在农田水位$H>5$cm和$H<0$cm时，通过反复调试，计算公式如下：

$$k=0.95\times\frac{T_{smax}}{\frac{T_{air}+T_{max}}{2}}=0.95\times\frac{T_{air}+T_{max}-2}{T_{air}+T_{max}}\quad H>5\text{cm} \tag{7-24}$$

$$k=\frac{T_{smin}}{T_{min}}=\frac{\frac{T_{air}+T_{min}}{2}-2}{T_{min}}=\frac{T_{air}+T_{min}-4}{2T_{min}}\quad H<0\text{cm}\quad (7-25)$$

式中：T_{max}为日最高气温；T_{min}为日最低气温；T_{air}为日平均气温；T_{smax}为土壤表层日最高温度；T_{smin}为土壤表层日最低温度。

7.6　CERES－Rice模型遗传参数调试及验证方法

本书通过DSSAT系统中的GLUE调参模型对水稻品种“南粳9108”进行参数率定，主要参数包含P1、P2R、P5、P2O、G1、G2、G3、G4，各参数代表的意义见表7.6。GLUE方法对于可能的参数不是简单地否定或者接受，而是通过模拟值与实测值进行对比分析，依据似然函数值判定参数可信程度，在具有较高的模型不确定性以及观测不确定性的情况下，采用这种方法进行模型遗传参数估算更加科学合理（Beven and Binley，1992；He et al.，2010）。在参数估算时，首先设定模型运行所需的一组缺省值，随后运行GLUE，通过20 000次随机搜索后，把概率最大的一组参数作为初步结果，然后再通过试差法对初步结果进行调试，使水稻干物质质量、*LAI*以及产量的模拟结果尽可能接近实测结果。最后分别采用均方根差（*RMSE*）、相对均方根差（*NRMSE*）、相关系数*R*、相对误差（*RE*）来检验模型的模拟效果。

表7.6　水稻品种遗传参数

遗传参数	描述	单位
P1	营养生长期所需热时量	℃·d
P2R	穗分化延迟程度	℃·d
P5	灌浆期所需热时量	℃·d
P2O	最适光周期	h
G1	潜在颖花数系数	—
G2	理想籽粒质量	g
G3	相对分蘖系数	—
G4	温度容忍系数	—

7.7 控制灌排水稻生长模拟结果与分析

7.7.1 CERES-Rice 模型遗传参数调试

由于考虑到农田试验的时间与空间变异性以及遗传型—环境—管理互作的影响，因此不同灌排模式采用不同的模型遗传参数。本书利用 2015 年和 2016 年非避雨情况下的试验数据进行品种遗传参数的率定（率定参数时积温采用气温），以 2017 年非避雨情况下的试验数据进行模型模拟效果的验证。经过率定和校正最终确定各灌排模式下水稻遗传参数（表 7.7）。由表可知，不同灌排方案下，P2R、P5、G1 变异系数均大于 15%，表明水稻遗传参数 P2R、P5、G1 的估计值很大程度依赖所处的作物生长情景，即遗传型—环境—管理互作对这三个遗传参数产生较大的影响。因此，若稻田灌排管理条件有较大变化时，应对 P2R、P5、G1 三个参数重新进行率定。P1、P2O、G2、G3、G4 变异系数均小于 5%，一方面表明这些遗传参数受基因型—环境—管理互作的影响相对较小，另一方面也表明 DSSAT-GLUE 遗传参数估计模块具有较好的收敛性和可靠性。

表 7.7 不同灌排模式下水稻遗传参数

灌排模式 \ 遗传参数	P1	P2R	P5	P2O	G1	G2	G3	G4
控制灌溉（T1）	444	104	566	12.3	74.2	0.022	0.86	0.82
浅湿灌溉（T2）	468	104	489	12.3	56.8	0.024	0.93	0.90
控制灌排（轻涝）（T3）	439	164	575	12.9	70.8	0.021	0.90	0.81
控制灌排（中涝）（T4）	426	189	336	12.1	51.0	0.021	0.84	0.84
均值	444	140	492	12.4	63.2	0.022	0.88	0.84
标准差	17.6	43.1	111	0.35	11.1	0.001	0.04	0.04
变异系数	3.96%	30.79%	22.56%	2.82%	17.56%	4.55%	4.55%	4.76%

7.7.2 水稻叶面积指数模拟

不同处理 *LAI* 模拟精度评价见表 7.8。由表 7.8 可知，除 2017 年 T1 处理外，原模型其他年份不同处理的 *RMSE* 和 *NRMSE* 均略大于改进模型，最大 *RMSE*、*NRMSE* 分别从原模型的 $1.1\mathrm{m}^2 \cdot \mathrm{m}^{-2}$ 和 31.9%降至改进模型的

0.91m^2 · m^{-2}和26.5%。2015年T2处理的原模型模拟精度评价结果较差，改进模型模拟精度评价结果尚可；2016年T2和T3处理的原模型模拟精度评价结果尚可，改进模型模拟精度评价结果为较好；2017年T2处理原模型模拟精度评价结果较好，改进模型模拟精度评价结果为极好。因此，从各年份不同处理的实测值与模拟值两者之间的吻合程度可知，改进模型可以更好地模拟水稻*LAI*。此外，对于*LAI*这种空间变异性和随机性较大的变量（徐英等，2006b），改进模型的模拟结果（*RMSE*＝0.31～0.91m^2 · m^{-2}，*NRMSE*＝9.2%～26.5%）在可接受的范围内。

*LAI*通常在作物生长前期迅速增加，在拔节孕穗后期或者抽穗开花前期达到最大值，随后逐渐衰减（魏永华等，2010），不同灌排制度的水稻*LAI*的实测值和模拟值也呈现出相似的规律（图7.12）。由图7.12可以看出，同一年度不同处理之间的*LAI*模拟值的差异大于实测值，这种变化的可能原因是实测值处理内（相同处理不同重复）空间差异较大，而导致各处理间（不同处理）差异不大。2015年各处理水稻*LAI*模拟值平均值大小排序逐次为T1＞T3＞T4＞T2，与实测值相同；2016年各处理水稻*LAI*模拟值平均值大小排序逐次为T1＞T3＞T4＞T2，实测值为T1＞T3＞T2＞T4；2017年各处理水稻*LAI*模拟值平均值大小排序逐次为T3＞T1＞T2＞T4，实测值为T3＞T2＞T1＞T4。2016（2017）年*LAI*模拟值和实测值平均值排序不同的主要原因是T2和T4处理（T1和T2处理）之间*LAI*实际值差异较小，而模型无法精确模拟它们之间的区别。2017年*LAI*平均值排序顺序与其他两年不同，主要原因是2015年和2016年水稻生育前期降水量较大，控制灌排处理和浅湿灌溉处理雨后蓄水深度较大，影响了水稻*LAI*的生长。综上所述，改进模型模拟结果基本可以反映出不同灌排制度条件下*LAI*变化规律和差异，在水稻生长前期降水量较少的年份，控制灌排（轻涝）有利于促进水稻*LAI*生长。

表7.8　2015—2017年不同处理叶面积指数模拟精度评价

年份	处理	原模型			改进模型		
		RMSE（m^2 · m^{-2}）	*NRMSE*（%）	*R*	*RMSE*（m^2 · m^{-2}）	*NRMSE*（%）	*R*
2015	T1	0.45	12.6	0.98	0.43	12.0	0.99
	T2	1.1	31.9	0.98	0.91	26.5	0.98
	T3	0.58	17.1	0.99	0.55	16.3	0.99
	T4	0.51	16.4	0.99	0.41	13.3	0.98

（续）

年份	处理	原模型			改进模型		
		RMSE（$m^2 \cdot m^{-2}$）	*NRMSE*（%）	*R*	*RMSE*（$m^2 \cdot m^{-2}$）	*NRMSE*（%）	*R*
2016	T1	0.76	21.8	0.87	0.74	21.3	0.92
	T2	0.65	20.5	0.97	0.59	18.6	0.98
	T3	0.67	20.2	0.97	0.60	18.1	0.97
	T4	0.49	16.2	0.99	0.42	14.0	0.99
2017	T1	0.40	12.2	0.96	0.41	12.5	0.96
	T2	0.39	11.7	0.99	0.31	9.2	0.99
	T3	0.38	11.2	0.99	0.36	10.7	0.99
	T4	0.44	13.7	0.97	0.40	12.5	0.99

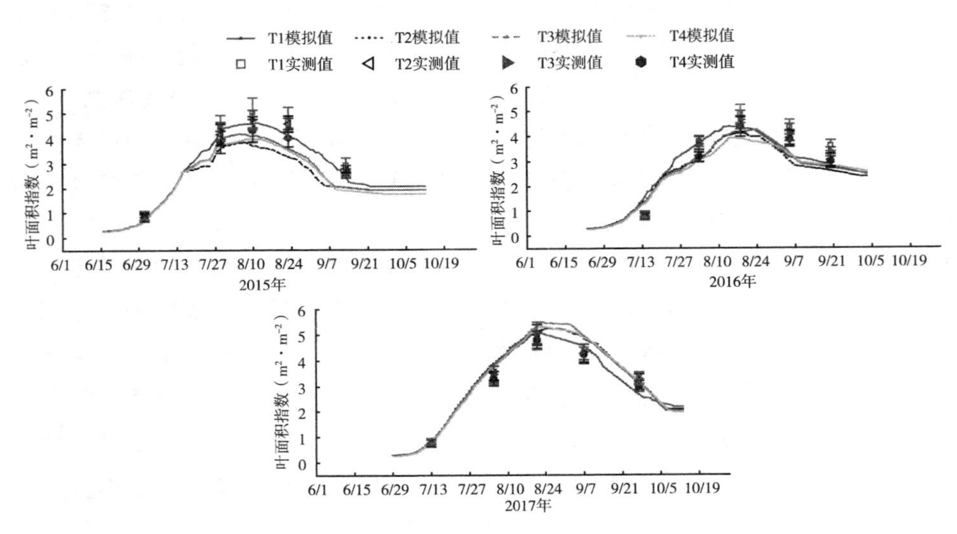

图 7.12　2015—2017 年水稻叶面积指数实测值和模拟值（改进模型）变化

7.7.3　水稻地上干物质质量模拟

不同处理地上干物质模拟精度评价见表 7.9。由表 7.9 可知，除 2017 年 T1 处理外，原模型不同年份和处理的 *RMSE* 和 *NRMSE* 略大于改进模型，最大 *RMSE*、*NRMSE* 分别从原模型的 1 503kg・hm^{-2}和 17.1%降至改进模型 1 239kg・hm^{-2}和 13.8%。2017 年 T3 处理原模型模拟精度评价结果较好，改进模型模拟精度评价结果为极好。因此，从各年份不同处理的实测值与模拟值两者之间的吻合程度可知，改进模型可以更好地模拟水稻干物质质量。改进模型的模拟结果（*RMSE*=489～1 239kg·hm^{-2}，5.8%～13.8%）较好。

表 7.9　2015—2017 年不同处理地上干物质模拟精度评价

年份	处理	原模型			改进模型		
		RMSE（kg·hm^{-2}）	*NRMSE*（%）	*R*	*RMSE*（kg·hm^{-2}）	*NRMSE*（%）	*R*
2015	T1	854	8.6	0.99	833	8.3	0.99
	T2	746	7.9	0.99	664	7.0	0.99
	T3	873	9.0	0.99	824	8.5	0.99
	T4	1 421	15.9	0.98	1 239	13.8	0.98
2016	T1	711	7.1	0.99	696	6.9	0.99
	T2	1 503	17.1	0.98	1 207	13.7	0.99
	T3	639	6.7	0.99	576	6.1	0.99
	T4	521	6.2	0.99	489	5.8	0.99
2017	T1	809	9.0	0.99	841	9.4	0.99
	T2	1 056	11.4	0.98	970	10.5	0.99
	T3	1 026	11.2	0.99	878	9.5	0.99
	T4	746	8.4	0.99	657	7.4	0.99

水稻地上干物质质量实测值和模拟值（改进模型）变化随着水稻生长而增长（图 7.13）。由图 7.13 可以看出，各处理地上干物质质量模拟值变化与实际值随时间逐渐增长的趋势较为一致。2015 年各处理水稻干物质质量模拟最大值大小排序逐次为 T1＞T2＞T3＞T4，实测值为 T1＞T3＞T2＞T4；2016 年各处理水稻干物质质量模拟最大值大小排序逐次为 T1＞T2＞T3＞T4，实测值为 T1＞T3＞T2＞T4；2017 年各处理水稻干物质质量模拟最大值大小排序逐次为 T3＞T2＞T4＞T1，实测值为 T3＞T2＞T1＞T4。干物质质量模拟值和实测值平均值排序不同的主要原因是各处理之间干物质质量实际值差异较小，而模型无法精确模拟它们之间的区别。因此，改进模型模拟结果对不同灌排制度条件下最大干物质质量模拟结果尚可。此外，在水稻生长前期降水量较少的年份，控制灌排（轻涝）有利于水稻干物质积累。

7.7.4　水稻产量模拟

作物产量模拟结果的精确性一般比其他生长发育参数更加严苛，通常认为

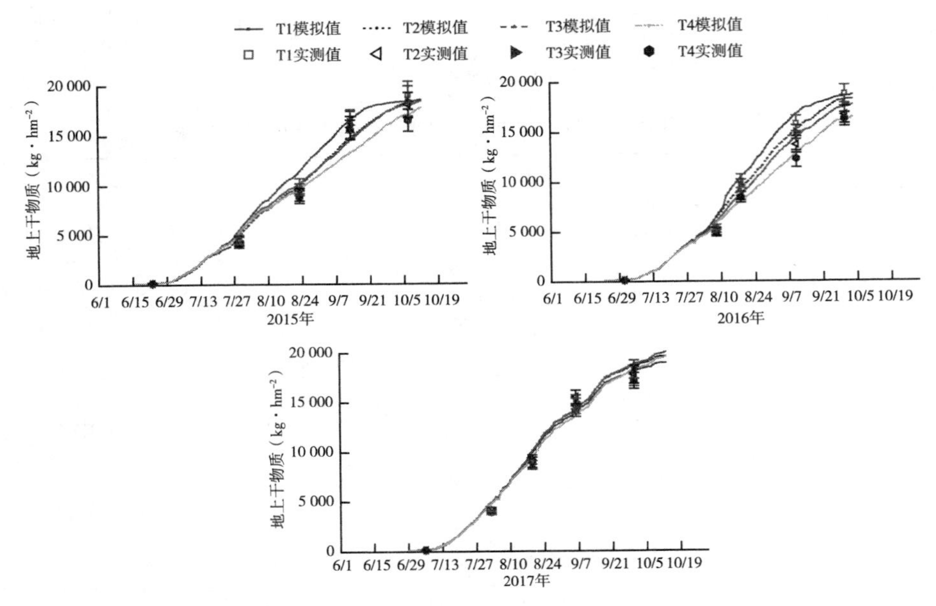

图 7.13 2015—2017 年水稻地上干物质质量实测值和模拟值（改进模型）变化

产量模拟值与实测值的 *RE* 范围介于 5%～15%时，模型的模拟结果是可以接受的（Ritchie，1998）。不同处理产量模拟值和实测值见表 7.10。由表 7.10 可知，原模型不同年份和处理的相对误差除个别年份和处理外略大于改进模型，最大 *RE* 分别从原模型的 19.3%降至改进模型的 12.5%。2015 年 T3 处理原模型模拟结果为不可接受，改进模型模拟结果为可以接受。因此，从各年份不同处理的实测值与模拟值两者之间的吻合程度可知，改进模型可以更好地模拟水稻产量。改进模型的模拟结果是可以接受的。2015—2017 年各处理水稻产量模拟值大小排序逐次为 T1＞T3＞T2＞T4，实测值为 T1＞T3＞T2＞T4，说明改进模型可以很好地模拟出不同灌排制度条件下产量之间的差异。

表 7.10 2015—2017 年不同处理产量模拟值与实测值相对误差

年份	处理	实测值（$kg \cdot hm^{-2}$）	模拟值（$kg \cdot hm^{-2}$）		*RE*（%）	
			原模型	改进模型	原模型	改进模型
2015	T1	9 532	9 912	9 888	4.0	3.7
	T2	8 582	9 760	9 393	13.7	9.5
	T3	8 968	10 698	9 750	19.3	8.7
	T4	8 223	8 618	8 445	4.8	2.7

（续）

年份	处理	实测值（kg・hm⁻²）	模拟值（kg・hm⁻²）		RE（%）	
			原模型	改进模型	原模型	改进模型
2016	T1	8 915	10 039	10 029	12.6	12.5
	T2	8 236	8 268	8 727	3.9	6.0
	T3	8 559	9 138	9 038	6.8	5.6
	T4	7 946	7 615	7 914	4.2	4.0
2017	T1	9 019	9 969	9 954	10.5	10.4
	T2	8 567	8 132	8 484	5.1	9.7
	T3	8 883	9 356	9 265	5.3	4.3
	T4	8 354	7 497	7 645	10.3	8.5

与 T1 处理相比，T2、T3、T4 处理实测产量在 2015 年分别降低了 10.0%、5.9%、13.7%；2016 年分别降低了 7.6%、4.0%、10.9%；2017 年分别降低了 5.0%、1.5%、7.4%。控制灌溉处理产量最高，控制灌排（轻涝）处理产量次之，控制灌排（中涝）处理产量最低。

7.8　水稻控制灌排的节水减排效应

不同处理水稻灌溉水利用率模拟值（改进模型）与实测值见表 7.11。由表 7.11 可知，灌溉水量模拟值与实测值的 *RE* 范围为 1.3%～16.7%，地表排水量为 2.8%～18.7%，雨水利用率为 0.9%～17.7%，灌溉水分利用率为 0%～25.0%。改进模型对水量、地表排水量、雨水利用率模拟结果较好，对灌溉水分利用率模拟结果尚可，在可以接受范围内。

与 T1 处理相比，T2、T3、T4 处理灌溉水量实测值在 2015 年分别降低了−7.4%、22.2%、33.0%；2016 年分别降低了 1.5%、17.5%、26.9%；2017 年分别降低了−6.0%、20.5%、31.3%。与 T1 处理相比，T2、T3、T4 处理地表排水量实测值在 2015 年分别降低了 10.0%、20.5%、27.0%；2016 年分别降低了 9.5%、18.7%、24.5%；2017 年分别降低了 12.2%、37.1%、55.7%。与 T1 处理相比，T2、T3、T4 处理雨水利用率实测值在 2015 年分别增加了 16.4%、33.5%、44.3%；2016 年分别增加了 12.7%、25.2%、32.9%；2017 年分别增加了 8.4%、25.4%、38.0%。与 T1 处理相

比，T2、T3、T4 处理灌溉水利用率实测值在 2015 年分别增加了－16.0%、20.0%、28.0%；2016 年分别增加了－9.1%、13.6%、18.2%；2017 年分别增加了－9.5%、23.8%、33.3%。浅湿灌溉处理虽然增加了雨水利用率，减少了地表排水量，但是也增加了灌溉水量，导致灌溉水利用率降低，这与 Ye 等（2013）的研究结果相同。控制灌排（轻涝）和控制灌排（中涝）处理均增加了雨水利用率和灌溉水利用率，降低了地表排水量和灌溉水量，其中控制灌排（中涝）处理的节水效果更好。

表 7.11　2015—2017 年不同处理水稻灌溉水利用率模拟值（改进模型）与实测值

年份	处理	降水量（mm）	灌溉水量（mm）			地表排水量（mm）			雨水利用率（%）			灌溉水分利用率（$kg \cdot m^{-3}$）		
			实测值	模拟值	*RE*（%）	实测值	模拟值	*RE*（%）	实测值	模拟值	*RE*（%）	实测值	模拟值	*RE*（%）
2015	T1	1 084	379	374	1.3	673	727	8.0	37.9	32.9	13.2	2.5	2.6	5.1
	T2		407	387	4.8	606	688	13.6	44.1	36.5	17.2	2.1	2.4	15.0
	T3		295	262	11.2	535	587	9.8	50.6	45.8	9.5	3.0	3.8	25.0
	T4		254	220	13.4	491	538	9.7	54.7	50.3	8.0	3.2	3.8	18.6
2016	T1	837.6	411	420	2.0	482	545	13.0	42.5	34.9	17.7	2.2	2.4	10.2
	T2		405	416	2.6	436	489	12.2	47.9	41.6	13.2	2.0	2.1	3.3
	T3		339	358	5.6	392	465	18.7	53.2	44.4	16.5	2.5	2.5	0.0
	T4		301	288	4.3	364	376	3.2	56.5	55.2	2.4	2.6	2.7	4.0
2017	T1	584.2	435	380	12.6	237	276	16.3	59.4	52.8	11.1	2.1	2.6	26.2
	T2		461	384	16.7	208	229	10.0	64.4	60.8	5.6	1.9	2.2	18.8
	T3		346	293	15.3	149	153	2.8	74.5	73.8	0.9	2.6	3.2	23.1
	T4		299	272	9.1	105	112	6.8	82.0	80.8	1.5	2.8	2.8	0.7

上述分析表明，节水灌溉与控制排水相结合，能够提高稻田的雨水有效利用效率，减少灌溉定额，达到节水省工的目标。俞双恩等（2018）研究发现灌水量减少 11.9%～29.9%，控制灌排整体产量与控制灌溉无显著差别。此外，在不同水文年型下控制灌排都能够有效控制农田氮磷流失关键时期的地表排水，显著（$P<0.05$）削减了排水峰量和排水次数，降低了地表排水中的氮磷浓度（Shao et al.，2015；郭蓉等，2016；Gao et al.，2016；Lu et al.，

2016；高世凯等，2017；王梅等，2017）。控制灌排水稻全生育期氮磷流失显著（$P<0.05$）减少了36.3%～63.0%（俞双恩等，2018）。因此，水稻控制灌排模式在保证粮食产量的前提下具有良好的节水减排效应。

7.9　本章小结

本章研究了不同农田水位调控下控制灌排稻田土壤温度的变化特征，建立了控制灌排条件下稻田土壤温度模拟模型；基于建立的土壤温度模型改进了CERES-Rice模型积温模拟模块，对不同灌排模式水稻生长进行了模拟，分析了不同灌排模式对水稻产量、*LAI*、干物质质量及灌溉水利用率的影响。主要结论如下：

（1）不同农田水位条件下土壤表层温度日变化规律相似，呈现先增加后降低的趋势。受涝稻田（农田水位为25cm和15cm）土壤表层温度变化比较缓慢，使各生育期土壤表层升温和降温延迟比较明显，此外，受涝稻田土壤表层日平均温度显著（$P<0.05$）高于受旱稻田0.5～0.6℃，而日变幅又显著（$P<0.05$）小于受旱稻田2.3～2.6℃。在相同水分条件下，分蘖期和拔节孕穗期土壤表层日平均温度显著（$P<0.05$）大于抽穗开花期和乳熟期；分蘖期和乳熟期土壤表层温度日变幅显著（$P<0.05$）大于拔节孕穗期和抽穗开花期；抽穗开花期是水稻全生育期土壤表层温度日变幅最小的时期。随着土层的加深，土壤日最高温度出现的时间也相应延迟，而土壤日最低温度出现的时刻差异较小。土壤温度日变化幅度和升温速率均随土层深度增加而递减。受涝稻田的各层土壤日最高温度低于受旱，而日最低温度高于受旱。

（2）经过参数调校后的土壤日平均温度模拟模型可很好的模拟不同土层土壤日平均温度的变化过程，模拟值和实测值两者之间的*RMSE*在1.00℃之内，*NRMSE*均小于5%，而*R*除个别年份和处理外均在0.80以上。此外，表层土壤日最高温度和最低温度模型也能较好的模拟表层土壤日最高温度和最低温度的变化，模拟值和实测值两者之间的*RMSE*在1.50℃之内，*NRMSE*均小于5%，而*R*均在0.70以上。

（3）采用改进模型对水稻*LAI*的模拟结果比原模型略有提高，最大*RMSE*、*NRMSE*分别从原模型的$1.1m^2 \cdot m^{-2}$和31.9%降至改进模型的$0.91m^2 \cdot m^{-2}$和26.5%，均在可接受范围内。改进模型模拟结果基本可以反映出不同灌排模式下*LAI*变化规律和差异。在水稻生长前期降水量较少的年份，控制灌排（轻涝）更有利于促进水稻 *LAI* 生长。

（4）采用改进模型对水稻干物质质量的模拟结果比原模型略有提高，最大 *RMSE*、*NRMSE* 分别从原模型的 1 503kg・hm^{-2} 和 17.1%降至改进模型 1 239kg/hm^{-2} 和 13.8%，均在较好范围内。改进模型模拟结果对不同灌排模式下最大干物质质量差异的模拟结果尚可。在水稻生长前期降水量较少的年份，控制灌排（轻涝）有利于水稻干物质积累。

（5）采用改进模型对水稻产量的模拟结果比原模型具有明显提高，最大 *RE* 从原模型的 19.3%降至改进模型的 10.4%。改进模型可以很好地模拟出不同灌排制度条件下产量之间的差异，不同灌排模型下水稻产量大小排序依次为：控制灌溉>控制灌排（轻涝）>浅湿灌溉>控制灌排（中涝）。与控制灌溉相比，控制灌排（轻涝）、浅湿灌溉、控制灌排（中涝）三年实测平均产量分别降低了 3.8%、7.6%、10.7%。

（6）改进模型对灌溉水量、地表排水量、雨水利用率模拟结果较好，对灌溉水分利用率模拟结果尚可，在可接受范围内。与控制灌溉模式相比，控制灌排模式实测地表排水量和灌溉水量分别降低了 18.7%～55.7%和 17.5%～33.0%，雨水利用率和灌溉水利用率分别增加了 25.3%～44.3%和 16.4%～34.7%。因此，水稻控制灌排模式在保证高产的同时，能够提高雨水利用率和灌溉水利用率，降低地表排水量和灌溉水量，具有较好的节水减排效应，其中控制灌排（轻涝）产量更高，而控制灌排（中涝）的节水效果更好。

第八章　总结与展望

8.1　主要结论

本书以控制灌排条件下水稻旱涝交替胁迫效应及生长模拟为研究目标，采用测坑试验、数据分析和数值模拟相结合的研究手段，探求了控制灌排条件下旱涝交替胁迫水稻生理生长效应及需水特性，构建了基于结构方程的旱涝交替胁迫水稻“需水量—光合量—产量”关系模型，研究了控制灌排条件下各生育期稻田土壤水分和温度变化规律，改进和完善了 GERES - Rice 模型，为制定节水、减排、高产水稻控制灌排策略提供了一定理论依据及技术指导。主要研究结论如下：

（1）揭示了控制灌排条件下旱涝交替胁迫水稻生长响应机制

旱、涝胁迫均会抑制水稻分蘖。水分胁迫由旱转涝后，对水稻茎蘖增长的抑制作用产生了叠加效应。水稻旱涝交替胁迫不仅抑制了无效分蘖，但也对有效茎蘖数产生了抑制作用。基本动力学模型（DMOR）可以较好地描述旱涝交替胁迫水稻茎蘖消长全过程。旱胁迫抑制了水稻株高生长，而涝胁迫促进了株高生长，水分胁迫由旱转涝后，表现为超补偿效应，水稻株高日增长量显著（$P<0.05$）增加。Richards 模型可以较好模拟旱涝交替胁迫水稻株高生长，模型各参数具有合理的生物学意义。旱涝交替胁迫对水稻基部节间生长的影响主要呈现出促进作用，且连续两个生育期比单个生育期明显。除拔节孕穗期先旱后涝胁迫，其他生育期旱涝交替胁迫对根系和叶面积生长主要呈现抑制作用。各生育期旱涝交替胁迫均对水稻有减产效应，单个生育期遭受旱涝交替胁迫时减产顺序为：分蘖期（较对照减产 16.7%，下同）＞乳熟期（10.1%）＞抽穗开花期（5.9%）＞拔节孕穗期（2.9%）；连续两个生育期遭受旱涝交替胁迫时减产顺序为：分蘖期与拔节孕穗期（21.7%）＞抽穗开花期与乳熟期（9.9%）＞拔节孕穗期与抽穗开花期（8.3%）；分蘖期单个生育期、分蘖期与拔节孕穗期连续两个生育期旱涝交替胁迫对水稻产量影响显著（$P<0.05$）。旱涝交替胁迫水稻产量构成要素与产量间的相关程度大小顺序为：有效穗数＞每穗

粒数＞千粒重＞结实率，其中每穗粒数与其他因素之间均呈现负相关关系。

（2）阐明了控制灌排条件下旱涝交替胁迫水稻生理响应机制

各生育期旱胁迫抑制了水稻光合作用和蒸腾作用，降低了净光合速率（P_n）和蒸腾速率（T_r），但提高了潜在水分利用率（WUE_q）。分蘖期和乳熟期前期长时间（5d）涝胁迫抑制了水稻光合作用和蒸腾作用；拔节孕穗期前期短时间（3d）涝胁迫促进了水稻光合作用，长时间（5d）涝胁迫抑制了蒸腾作用；抽穗开花期前期涝胁迫对光合作用无明显影响，而促进了水稻蒸腾作用。分蘖期和乳熟期旱后涝胁迫对水稻光合作用和蒸腾作用产生补偿效应，且提高了 WUE_q；拔节孕穗期旱后涝胁迫对水稻光合作用和蒸腾作用产生超补偿效应，但降低了 WUE_q；抽穗开花期旱后涝胁迫 1～3d 对水稻蒸腾作用产生超补偿效应，而对光合作用产生补偿效应，降低了 WUE_q。分蘖期旱涝交替胁迫对后期水稻产生超补偿效应，抑制了后期蒸腾作用，提高了 WUE_q；拔节孕穗期先旱后涝胁迫对后期水稻光合作用和蒸腾作用产生超补偿效应，降低了水稻 WUE_q；而先涝后旱胁迫无超补偿效应；抽穗开花期和乳熟期旱涝交替胁迫均抑制了后期水稻光合作用和蒸腾作用，但抽穗开花期降低了后期水稻 WUE_q，乳熟期无明显影响。除乳熟期，其他生育期前期旱胁迫水稻 P_n 和 T_r 出现“午休”现象，P_n 日最大值降低。各生育期前期涝胁迫造成水稻对环境反应的迟钝，P_n 和 T_r 最大值出现时间延迟，其中拔节孕穗期和抽穗开花期最大值得到提高，分蘖期和乳熟期降低。各生育期旱涝急转当日水稻 P_n 和 T_r 无“午休”现象。各生育期涝结束当日水稻 P_n 和 T_r 日变化曲线与对照相似。

（3）明确了控制灌排条件下旱涝交替胁迫水稻需水特性

相同农田水位下，各生育期 0～20cm 土层非饱和土壤含水量大小依次是乳熟期、分蘖期、拔节孕穗期、抽穗开花期，拔节孕穗期与抽穗开花期 20～40cm 土层非饱和土壤含水量大于分蘖期与乳熟期。各生育期旱胁迫抑制了水稻需水能力。分蘖期前期涝胁迫抑制了水稻需水量；拔节孕穗期短时间（3d）涝胁迫增强了水稻需水能力，而长时间（5d）涝胁迫抑制了水稻需水能力；抽穗开花期和乳熟期涝胁迫增强了水稻需水能力。前期涝胁迫结束短时间（3d）内，分蘖期和拔节孕穗期水稻需水能力出现超补偿效应。分蘖期旱后涝胁迫水稻需水能力出现补偿效应，拔节孕穗期出现超补偿效应，抽穗开花期短时间（3d）出现超补偿效应，乳熟期短时间（2d）出现补偿效应。分蘖期旱涝交替胁迫降低了水稻拔节孕穗期的需水能力；拔节孕穗期先涝后旱胁迫降低了水稻抽穗开花期的需水能力，但拔节孕穗期先旱后涝胁迫提高了水稻抽穗开花期的需水能力；抽穗开花期先涝后旱胁迫降低了水稻乳熟期的需水能力，而抽穗开花期先旱后涝胁迫提高了水稻乳熟期的需水能力。

分蘖期旱涝交替胁迫导致水稻各生育期需水量降低；拔节孕穗期先旱后涝胁迫导致水稻拔节孕穗期、抽穗开花期、乳熟期需水量增加，而先涝后旱胁迫导致水稻抽穗开花期、乳熟期需水量降低。抽穗开花期旱涝交替胁迫导致水稻抽穗开花期和乳熟期需水量降低；乳熟期旱涝交替胁迫导致水稻乳熟期需水量降低。单个生育期旱涝交替胁迫对需水量影响依次排序为：分蘖期（需水量较对照降低 8.4%，下同）＞抽穗开花期（2.1%）＞乳熟期（1.8%）＞拔节孕穗期（0.5%）；连续两个生育期旱涝交替胁迫对需水量影响依次排序为：分蘖期与拔节孕穗期（9.2%）＞拔节孕穗期与抽穗开花期（3.2%）＞抽穗开花期与乳熟期（2.7%）；分蘖期单个生育期、分蘖期与拔节孕穗期连续两个生育期旱涝交替胁迫对水稻需水量影响显著（$P<0.05$）。

（4）构建了旱涝交替胁迫水稻“需水量—光合量—产量”关系结构方程模型，揭示了水稻生理、生长、需水量及产量之间的复杂关系

建立的结构方程关系模型与样本数据适配较好，可以对水稻生理、生长、需水之间的复杂关系给予简洁、准确、清晰、合理的分析。结果显示：总需水量主要对产量的形成起关键作用，而冠层总光合量（$\sum P_c$）主要侧重于对水稻群体质量生长状况产生影响，且这种影响主要来自直接效应；总需水量与 $\sum P_c$ 对每穗粒数的作用为负效应（－0.25）；旱涝交替胁迫水稻“源—库”间相关系数为 0.51，呈现中度正相关关系；根冠比、最大叶面积指数（*LAI*）以及 $\sum P_c$ 可以有效表明水稻“源”的特征，千粒重、结实率、有效穗数、每穗粒数以及总需水量可以有效地表明水稻“库”的特征；总需水量与 $\sum P_c$ 对产量的直接和间接效应均为正值，总需水量对产量的总效应（0.77）大于 $\sum P_c$（0.35），主要来自间接效应（0.68）。

（5）通过改进和完善 CERES－Rice 模型较好地模拟了控制灌排水稻生长，分析了水稻控制灌排的节水减排效应

受涝稻田各生育期土壤表层日平均温度和日最高温度显著（$P<0.05$）高于受旱稻田，而日变幅和日最低温度又显著（$P<0.05$）小于受旱稻田。在相同水分条件下，分蘖期和乳熟期土壤表层温度日变幅显著（$P<0.05$）大于拔节孕穗期和抽穗开花期，抽穗开花期是水稻全生育期土壤表层温度日变幅最小

的时期。土壤温度日变化幅度和升温速率也均随土层深度增加而递减。建立的土壤温度模拟模型模拟值和实测值两者之间的均方根差（*RMSE*）＜1.50℃，相对均方根差（*NRMSE*）＜5%，相关系数（*R*）＞0.70，较好地模拟了土壤表层日平均温度、日最高温度以及日最低温度。改进模型的水稻 *LAI*、干物质质量、产量优于原模型，各参数的模拟值与实测值之间的 *RMSE* 和 *NRMSE* 均在可接受范围内。改进模型可以较好地模拟出不同灌排制度条件下产量之间的差异，不同灌排模型下水稻产量大小排序依次为：控制灌溉＞控制灌排（轻涝）＞浅湿灌溉＞控制灌排（中涝）。因此，水稻控制灌排模式在保证高产的同时，能够提高雨水利用率和灌溉水利用率，降低地表排水量和灌溉水量，具有较好的节水减排效应，其中控制灌排（轻涝）产量更高，而控制灌排（中涝）的节水效果更好。

8.2 创新点

（1）揭示了控制灌排条件下旱涝交替胁迫水稻生理生长响应机制以及需水特性。在蒸渗测坑内进行了水稻控制灌排试验，以农田水位作为水稻灌排的调控指标，分析了控制灌排条件下各生育阶段水稻生理生长指标、日需水量对旱涝交替胁迫环境做出的响应规律，阐明了旱涝交替胁迫水稻生理生长响应机制及需水特性，为控制灌排技术在实际生产中的应用提供理论基础。

（2）构建了“源—库”“总需水量—$\sum P_c$—群体质量及产量构成因子”“需水量—光合量—产量”关系结构方程模型。以源库理论作为指导，基于结构方程模型，阐明了控制灌排条件下旱涝交替胁迫水稻需水量、光合量、产量之间的复杂关系，为深入研究控制灌排条件下作物需水、生理生长、产量之间交互关系提供了一种科学的分析方法。

（3）改进和完善了 CERES - Rice 模型。考虑控制灌排对稻田土壤温度的影响，基于建立的土壤温度模型对 CERES - Rice 模型进行了改进，改进模型能够较为准确地模拟控制灌排水稻生长及水分利用率，为预测控制灌排水稻生长以及优化控制灌排策略提供了技术参考。

8.3 展望

本书采用测坑试验、数据分析和数值模拟相结合的研究手段对控制灌排条件下水稻旱涝交替胁迫及生长模拟进行了系统研究，虽取得了一定成果，但由于试验时间、试验条件以及观测手段的限制，尚存在一些不足，有待在后续研究中加以改进和完善：

（1）不同土壤的物理性质差异较大，在相同控制灌排条件下对水稻生理生长影响的效果不同；不同的水稻品种耐涝抗旱的特性不同，控制灌排的农田水位调控指标也应不同。因此，需进一步研究在不同土质条件下旱涝交替胁迫对不同水稻品种生理生长和需水的影响，完善水稻控制灌排技术的理论体系。

（2）本书仅用 CERES－Rice 模型模拟了不同农田水位条件下小尺度控制灌排水稻生长，有关模型在不同尺度、不同养分以及不同气候条件下的模拟效果仍有待进一步研究。

（3）随着资源环境问题的日益突出，控制灌排技术的资源环境效应越来越受到关注，水稻控制灌排技术不仅追求高产，而且要求高效利用淡水资源和减少农业面源污染。因此，需进一步研究控制灌排条件下稻田氮磷流失规律，构建作物生长与稻田水氮运移转化耦合模型，制定水稻节水、减排、控污、高产的控制灌排策略。

参 考 文 献

柏彦超，钱晓晴，周雄飞，等，2010. 不同氮素形态和水分胁迫对水稻水分吸收及光合特性的影响［J］. 扬州大学学报（农业与生命科学版），31（3）：50－54.

蔡昆争，骆世明，段舜山，2003. 水稻根系的空间分布及其与产量的关系［J］. 华南农业大学学报，24（3）：1－4.

蔡昆争，吴学祝，骆世明，等，2008. 抽穗期不同程度水分胁迫对水稻产量和根叶渗透调节物质的影响［J］. 生态学报，28（12）：6148－6158.

蔡亮，2010. 持续中度水分胁迫对水稻耗水量和产量的影响［J］. 节水灌溉（10）：29－31.

陈丽娟，张新民，王小军，等，2008. 不同土壤水分处理对膜上灌春小麦土壤温度的影响［J］. 农业工程学报，24（4）：9－13.

陈志伟，刘东，范永洋，等，2015. 不同控制下限对水稻灌水量、分蘖以及产量的影响［J］. 农机化研究（11）：203－207.

程建平，曹凑贵，蔡明历，等，2006. 不同灌溉方式对水稻产量和水分生产率的影响［J］. 农业工程学报，22（12）：28－33.

程晓胜，卢河志，黄桂玲，等，2013. 中国未来用水需求量的预测分析［J］. 湖北师范学院学报（自然科学版），33（2）：29－32.

戴明宏，陶洪斌，廖树华，等，2008. 基于 CERES－Maize 模型的华北平原玉米生产潜力的估算与分析［J］. 农业工程学报，24（4）：30－36.

丁颖，1964. 中国水稻品种的生态类型与生产发展的关系［J］. 作物学报，3（4）：357－364.

董淑喜，徐淑琴，2008. 水分胁迫对寒区水稻生长特性及产量的影响［J］. 灌溉排水学报，27（6）：64－66.

段素梅，杨安中，黄义德，等，2014. 干旱胁迫对水稻生长、生理特性和产量的影响［J］. 核农学报，28（6）：1124－1132.

付春晓，俞双恩，丁继辉，2010. 农田水位调控对稻田土壤温度的影响［J］. 中国农村水利水电（12）：31－34.

高炳鼎，2017. 水稻节水灌溉技术的现状及发展趋势［J］. 农业与技术，37（2）：75－76.

高亮之，2003. 数字化农业气象学［J］. 中国农业气象，24（2）：2－5.

高世凯，俞双恩，王梅，等，2017. 旱涝交替下控制灌溉对稻田节水及氮磷减排的影响

[J]. 农业工程学报，33 (5)：122-128.

顾春梅，赵黎明，2012. 国内外寒地水稻节水灌溉技术研究进展 [J]. 北方水稻，42 (4)：70-72.

关义新，戴俊英，林艳，1995. 水分胁迫下植物叶片光合的气孔和非气孔限制 [J]. 植物生理学通讯 (4)：293-297.

郭蓉，周伟，高世凯，等，2016. 旱涝交替胁迫下稻田水氮素流失规律 [J]. 排灌机械工程学报，34 (11)：990-994.

郭相平，黄双双，王振昌，等，2017. 不同灌溉模式对水稻抗倒伏能力影响的试验研究 [J]. 灌溉排水学报，36 (5)：1-5.

郭相平，王甫，王振昌，等，2017. 不同灌溉模式对水稻抽穗后叶绿素荧光特征及产量的影响 [J]. 灌溉排水学报，36 (3)：1-6.

郭相平，杨骕，王振昌，等，2015. 旱涝交替胁迫对水稻产量和品质的影响 [J]. 灌溉排水学报，34 (1)：13-16.

郭相平，袁静，郭枫，等，2009. 水稻蓄水—控灌技术初探 [J]. 农业工程学报，25 (4)：70-73.

郭相平，张烈君，王琴，等，2005. 作物水分胁迫补偿效应研究进展 [J]. 河海大学学报（自然科学版），33 (6)：634-637.

郭相平，张展羽，殷国玺，2006. 稻田控制排水对减少氮磷损失的影响 [J]. 上海交通大学学报（农业科学版），24 (3)：307-310.

郭相平，甄博，陆红飞，2013. 水稻旱涝交替胁迫叠加效应研究进展 [J]. 水利水电科技进展，33 (2)：83-86.

韩伟锋，武继承，何方，2008. 作物需水量研究综述 [J]. 华北水利水电学院学报，29 (5)：30-33.

郝树荣，郭相平，王为木，等，2005. 胁迫后复水对水稻叶面积的补偿效应 [J]. 灌溉排水学报，24 (4)：19-21.

郝树荣，郭相平，王文娟，2010. 旱后复水对水稻生长的后效影响 [J]. 农业机械学报，41 (7)：76-79.

郝树荣，郭相平，张展羽，2009. 作物干旱胁迫及复水的补偿效应研究进展 [J]. 水利水电科技进展，29 (1)：81-84.

郝树荣，郭相平，张展羽，等，2010. 水稻根冠功能对水分胁迫及复水的补偿响应 [J]. 农业机械学报，41 (5)：52-55.

胡继超，姜东，曹卫星，等，2004. 短期干旱对水稻叶水势、光合作用及干物质分配的影响 [J]. 应用生态学报，15 (1)：63-67.

黄璜，1998. 稻田抗洪抗旱的功能及深灌对早稻光合作用的影响 [J]. 湖南农业大学学报 (6)：4-8.

黄乾，2005. 控制灌溉条件下水稻光合特性试验研究［D］. 南京：河海大学.
黄仕锋，2007. 水稻水位生产函数的试验研究［D］. 南京：河海大学.
纪明喜，迟道才，郭成久，等，1994. 稻田的水分调节对水稻需水量和产量的影响［J］. 农田水利与小水电（1）：10-14.
贾春梅，2015. 黑土、黑钙土稻作水肥耦合效应试验研究［D］. 哈尔滨：东北农业大学.
姜心禄，郑家国，袁勇，2004. 水稻本田期不同生育阶段受旱对产量的影响［J］. 西南农业学报，17（4）：435-438.
金欣欣，2016. 覆膜栽培对水稻耗水和节水特性的影响［D］. 北京：中国农业大学.
康绍忠，熊运章，刘晓明，1991. 用彭曼—蒙特斯模式估算作物蒸腾量的研究［J］. 西北农林科技大学学报（自然科学版）（1）：13-20.
匡廷云，2004. 作物光能利用效率与调控［M］. 济南：山东科学技术出版社.
李道西，2007. 控制灌溉稻田甲烷排放规律及其影响机理研究［D］. 南京：河海大学.
李慧，汪景宽，裴久渤，等，2015. 基于结构方程模型的东北地区主要旱田土壤有机碳平衡关系研究［J］. 生态学报，35（2）：517-525.
李建锋，杨永生，2004. 水稻薄露灌溉技术大面积推广综述［J］. 中国稻米（5）：30-31.
李少昆，1998. 关于光合速率与作物产量关系的讨论（综述）［J］. 石河子大学学报（自然科学版）（1）：117-126.
李绍清，李阳生，李达模，等，2000. 乳熟期淹水对两系杂交水稻源库特性的影响［J］. 杂交水稻，15（2）：40-42.
李阳生，李绍清，2000. 淹涝胁迫对水稻生育后期的生理特性和产量性状的影响［J］. 武汉植物学研究，18（2）：117-122.
李圆圆，2016. 有机肥配施条件下控灌中蓄稻田水氮利用及增产效应研究［D］. 南京：河海大学.
李远华，崔远来，武兰春，等，1994. 非充分灌溉条件下水稻需水规律及影响因素［J］. 武汉水利电力大学学报，27（3）：314-319.
李远华，张明炷，谢礼贵，等，1995. 非充分灌溉条件下水稻需水量计算［J］. 水利学报（2）：64-68.
李玥，汪雅婷，黄致绮，2017. 土壤含水率测量方法分析及比较［J］. 仪表技术（8）：15-17.
李忠武，蔡强国，唐政洪，2002. 基于侵蚀条件下的作物生产力模型研究［J］. 水土保持学报（1）：51-54.
梁满中，谭周镃，陈良碧，等，2000. 干旱胁迫对水稻水分利用效率的影响［J］. 生命科学研究，4（4）：351-355.
林贤青，朱德峰，李春寿，等，2005. 水稻不同灌溉方式下的高产生理特性［J］. 中国水稻科学，19（4）：328-332.

参 考 文 献

凌启鸿，蔡建中，苏祖芳，等，1983. 水稻叶龄模式——水稻高产栽培技术新体系 [J]. 农业科技通讯（12）：1-3.

凌启鸿，苏祖芳，张海泉，1995. 水稻成穗率与群体质量的关系及其影响因素的研究 [J]. 作物学报，21（4）：463-469.

刘广明，彭世彰，杨劲松，2007. 不同控制灌溉方式下稻田土壤盐分动态变化研究 [J]. 农业工程学报，23（7）：86-89.

刘广明，杨劲松，姜艳，等，2005. 节水灌溉条件下水稻需水规律及水分利用效率研究 [J]. 灌溉排水学报，24（6）：49-52.

刘汉学，1998. 水稻旱育稀植高产技术 [M]. 昆明：云南图书出版社.

刘笑吟，王冠依，杨士红，等，2016. 不同时间尺度节水灌溉水稻腾发量特征与影响因素分析 [J]. 农业机械学报，47（8）：91-100.

刘展鹏，褚琳琳，2016. 作物干旱胁迫补偿效应研究进展 [J]. 排灌机械工程学报，34（9）：804-808.

刘战东，牛豪震，贾云茂，等，2010. 不同地下水埋深下冬小麦和春玉米非充分灌溉制度研究 [J]. 节水灌溉（6）：36-38.

陆红飞，郭相平，甄博，等，2016. 旱涝交替胁迫条件下粳稻叶片光合特性 [J]. 农业工程学报，32（8）：105-112.

吕桂英，2007. 水分对作物生长发育和产品质量的影响 [J]. 中国种业（3）：61-62.

吕金印，山仑，高俊凤，等，2003. 干旱对小麦灌浆期旗叶光合等生理特性的影响 [J]. 干旱地区农业研究，21（2）：77-81.

罗昊文，孔雷蕾，钟卓君，等，2017. 淹水胁迫对水稻玉香油占秧苗生长和生理特性的影响 [J]. 作物杂志（1）：135-139.

罗纨，李山，贾忠华，等，2013. 兼顾农业生产与环境保护的农田控制排水研究进展 [J]. 农业工程学报，29（16）：1-6.

罗霄，李忠武，叶芳毅，等，2009. 水稻生长模型 CERES-Rice 的研究进展及展望 [J]. 中国农业科技导报，11（5）：54-59.

马秋月，陈赢男，渠纪腾，等，2013. 簸箕柳种内杂交 F1 群体株高生长曲线的拟合 [J]. 南京林业大学学报（自然科学版），37（4）：13-16.

马雯雯，2016. 改进 CERES-Rice 模型模拟覆膜旱作水稻生长 [D]. 北京：中国农业大学.

满建国，于振文，石玉，等，2015. 不同土层测墒补灌对冬小麦耗水特性与光合速率和产量的影响 [J]. 应用生态学报，26（8）：2353-2361.

茆智，2002. 水稻节水灌溉及其对环境的影响 [J]. 中国工程科学，4（7）：8-16.

缪子梅，俞双恩，卢斌，等，2013. 基于结构方程模型的控水稻“需水量—光合量—产量”关系研究 [J]. 农业工程学报，29（6）：91-98.

宁金花，陆魁东，霍治国，等，2014. 拔节期淹涝胁迫对水稻形态和产量构成因素的影响［J］. 生态学杂志，33（7）：1818－1825.
潘瑞炽，董愚得，2004. 植物生理学［M］. 北京：高等教育出版社.
彭世彰，艾丽坤，和玉璞，等，2014. 稻田灌排耦合的水稻需水规律研究［J］. 水利学报，45（3）：320－325.
彭世彰，丁加丽，2004. 国内外节水灌溉技术比较与认识［J］. 水利水电科技进展，24（4）：49－52.
彭世彰，索丽生，2004. 节水灌溉条件下作物系数和土壤水分修正系数试验研究［J］. 水利学报，35（1）：17－21.
彭世彰，徐俊增，黄乾，等，2004. 水稻控制灌溉模式及其环境多功能性［J］. 沈阳农业大学学报，35（5）：443－445.
彭世彰，张正良，庞桂斌，2009. 控制灌溉条件下寒区水稻茎秆抗倒伏力学评价及成因分析［J］. 农业工程学报，25（1）：6－10.
彭宇，2007. 不同农田水位管理条件下水稻生理特性研究［D］. 南京：河海大学.
乔欣，邵东国，刘欢欢，等，2011. 节灌控排条件下氮磷迁移转化规律研究［J］. 水利学报，42（7）：862－868.
曲世勇，郭丽娜，2012. 水稻各生育期需水规律及水分管理技术［J］. 吉林农业（2）：100.
全瑞兰，王青林，马汉云，等，2015. 干旱对水稻生长发育的影响及其抗旱研究进展［J］. 中国种业（9）：12－14.
邵玺文，马景勇，童淑媛，等，2006. 灌浆乳熟期不同水分处理对水稻产量的影响［J］. 灌溉排水学报，25（3）：41－43.
邵玺文，张瑞珍，齐春艳，等，2004. 拔节孕穗期水分胁迫对水稻生长发育及产量的影响［J］. 吉林农业大学学报，26（3）：237－241.
沈康荣，汪晓春，刘军，1998. 水稻全程地膜覆盖湿润栽培试验、示范与增产原因分析［J］. 中国稻米（5）：12－14.
盛大海，刘元英，李广宇，2009. 水稻源库关系研究进展与应用［J］. 东北农业大学学报，40（5）：117－122.
时光宇，吴云山，2011. 2010年中稻需水量试验［J］. 现代农业科技（5）：35－37.
孙成明，2006. FACE水稻生长发育模拟模型研究［D］. 扬州：扬州大学.
孙华银，2008. 温室甜椒对水分胁迫的响应及水分亏缺诊断指标研究［D］. 咸阳：西北农林科技大学.
汤广民，2001. 水稻旱作的需水规律与土壤水分调控［J］. 中国农村水利水电（9）：18－20.
陶长生，王菊，徐方，等，2000. 地下水埋深与土壤含水率对应关系和最优灌溉模式的试验研究［J］. 灌溉排水，19（4）：68－71.

陶敏之，俞双恩，叶兴成，2014. 农田水位调控对水稻根系活力和产量的影响［J］. 中国农村水利水电（10）：73-75.

汪妮娜，黄敏，陈德威，等，2013. 不同生育期水分胁迫对水稻根系生长及产量的影响［J］. 热带作物学报，34（9）：1650-1656.

王斌，周永进，许有尊，等，2014. 不同淹水时间对分蘖期中稻生育动态及产量的影响［J］. 中国稻米，20（1）：68-72，75.

王成瑗，王伯伦，张文香，等，2006. 土壤水分胁迫对水稻产量和品质的影响［J］. 作物学报，32（1）：131-137.

王夫玉，黄丕生，1997. 水稻群体茎蘖消长模型及群体分类研究［J］. 中国农业科学，30（1）：58-65.

王君，俞双恩，丁继辉，等，2012. 水稻不同生育阶段稻田水位调控对产量因子及产量的影响［J］. 河海大学学报（自然科学版），40（6）：664-669.

王矿，王友贞，汤广民，2015. 水稻拔节孕穗期淹水对产量要素的影响［J］. 灌溉排水学报，34（9）：40-43.

王矿，王友贞，汤广民，2016. 水稻在拔节孕穗期对淹水胁迫的响应规律［J］. 中国农村水利水电（9）：81-87.

王立祥，2015. 近65年我国粮食生产能力提升及发展预期［J］. 西北农林科技大学学报（社会科学版），15（4）：1-13.

王梅，周伟，高世凯，等，2017. 旱涝交替胁迫对稻田地表及地下水总磷的影响［J］. 河海大学学报（自然科学版），45（1）：63-68.

王娜，关键，2010. 水稻节水灌溉技术［J］. 农业科学（22）：151.

王铁良，李晶晶，李波，等，2009. 不同灌溉方式对日光温室土壤温度的影响［J］. 北方园艺（2）：147-149.

王彦彦，俞双恩，肖梦华，等，2012. 淹水稻田抽穗开花期氮磷变化及最佳排水时机［J］. 河海大学学报（自然科学版），40（3）：270-274.

王仰仁，2004. 考虑水分和养分胁迫的SPAC水热动态与作物生长模拟研究［D］. 咸阳：西北农林科技大学.

王振昌，郭相平，吴梦洋，等，2016. 旱涝交替胁迫条件下粳稻株高生长模拟与分析［J］. 中国农村水利水电（9）：50-56.

王振省，李磊，李婷婷，等，2014. 水稻分蘖期淹水对根系生长和产量的影响研究［J］. 灌溉排水学报，33（6）：54-57.

王志敏，方保停，2009. 论作物生产系统产量分析的理论模式及其发展［J］. 中国农业大学学报，14（1）：1-7.

魏广彬，2011. 基于同伸关系的水稻群体茎蘖和叶面积动态模拟模型［D］. 南京：南京农业大学.

魏永华，何双红，徐长明，2010. 控制灌溉条件下水肥耦合对水稻叶面积指数及产量的影响［J］. 农业系统科学与综合研究，26（4）：500-505.
魏永霞，侯景翔，郑恩楠，等，2018. 不同水分管理旱直播水稻生长生理及节水效应［J］. 农业机械学报，47（7）：1-14.
吴玉柏，1990. 根据水稻生育进程叶龄模式进行“深—浅—晒—间—润”合理灌溉［J］. 灌溉排水，9（3）：10-16.
夏石头，彭克勤，曾可，2000. 水稻涝害生理及其与水稻生产的关系［J］. 植物生理学通讯，36（6）：581-588.
肖梦华，2013. 农田水位调控对稻田水环境和根系土壤微环境变化的影响研究［D］. 南京：河海大学.
肖梦华，胡秀君，褚琳琳，2015. 水稻株高生长对旱涝交替胁迫的动态响应研究［J］. 节水灌溉（9）：15-18.
肖梦华，缪子梅，肖万川，等，2017. 水稻需水量对旱涝交替胁迫的响应效应［J］. 应用基础与工程科学学报，25（3）：455-466.
肖梦华，俞双恩，章云龙，2011. 控制排水条件下淹水稻田田面及地下水氮浓度变化［J］. 农业工程学报，27（10）：180-186.
谢夏玲，赵元忠，2008. 玉米膜下滴灌土壤温度的变化规律［J］. 灌溉排水学报，27（1）：90-92.
邢黎峰，孙明高，王元军，1998. 生物生长的 Richards 模型［J］. 生物数学学报，13（3）：348-353.
徐富贤，熊洪，洪松，等，2000. 水稻本田分蘖期受旱对其生育影响的研究［J］. 四川农业大学学报，18（1）：28-30.
徐镱钦，陆雅海，2016. 水稻农业增产减排可持续发展的生物工程技术［J］. 科学通报（1）：122-124.
徐英，周明耀，薛亚锋，2006. 水稻叶面积指数和产量的空间变异性及关系研究［J］. 农业工程学报，22（5）：10-14.
徐勇，甘国辉，王志强，2005. 基于 WIN-YIELD 软件的黄土丘陵区作物产量地形分异模拟［J］. 农业工程学报，21（7）：61-64.
严文明，1982. 中国稻作农业的起源［J］. 农业考古（1）：19-31.
杨长明，杨林章，颜廷梅，等，2004. 不同养分和水分管理模式对水稻抗倒伏能力的影响［J］. 应用生态学报，15（4）：646-650.
杨沈斌，陈德，王萌萌，等，2016. ORYZA2000 模型与水稻群体茎蘖动态模型的耦合［J］. 中国农业气象，37（4）：422-430.
姚克敏，邹江石，买苗，等，1999. 两系法杂交水稻株高变化规律及其与气象条件的关系［J］. 杂交水稻（1）：51-53.

姚林，郑华斌，刘建霞，等，2014. 中国水稻节水灌溉技术的现状及发展趋势 [J]. 生态学杂志，33（5）：1381-1387.

叶芳毅，李忠武，李裕元，等，2009. 水稻生长模型发展及应用研究综述 [J]. 安徽农业科学，37（1）：85-89.

殷国玺，张展羽，邵光成，2006. 农田地表控制排水对排水中磷质量浓度的影响 [J]. 水利水电科技进展，26（4）：24-26.

于贵瑞，王秋凤，2010. 植物光合、蒸腾与水分利用的生理生态学 [M]. 北京：科学出版社.

于靖，2013. 寒区水稻需水规律及水分胁迫影响研究 [D]. 哈尔滨：东北农业大学.

于靖，徐淑琴，高婷，2012. 分蘖期不同程度水分胁迫对水稻需水规律及生长发育的影响 [J]. 节水灌溉（7）：21-23.

俞双恩，2008. 以农田水位为调控指标的水稻田间灌排理论研究 [D]. 南京：河海大学.

俞双恩，李偲，高世凯，等，2018. 水稻控制灌排模式的节水高产减排控污效果 [J]. 农业工程学报，34（7）：128-136.

俞双恩，缪子梅，邢文刚，等，2010. 以农田水位作为水稻灌排指标的研究进展 [J]. 灌溉排水学报，29（2）：134-136.

俞双恩，万启旺，王宏，等，1995. 灌溉排水与高产、优质、高效农业 [J]. 水利水电科技进展，15（6）：36-39.

俞双恩，张展羽，2002. 江苏省水稻高产节水灌溉技术体系研究 [J]. 河海大学学报（自然科学版），30（6）：30-34.

詹可，邹应斌，2007. 水稻分蘖特性及成穗规律研究进展 [J]. 作物研究，21（5）：588-592.

张红萍，李明达，2010. 干旱胁迫对作物生理特性影响的研究进展 [J]. 农业科技与信息（23）：6-7.

张君，易军，刘目兴，等，2016. 不同水耕年限稻田土壤水分渗漏与保持特征 [J]. 水土保持学报，30（6）：90-95.

张明炷，李远华，崔远来，等，1994. 非充分灌溉条件下水稻生长发育及生理机制研究 [J]. 灌溉排水，13（4）：6-10.

张蔚榛，张瑜芳，1994. 有关农田排水标准研究的几个问题 [J]. 灌溉排水，13（1）：1-6.

张武益，朱利群，王伟，等，2014. 不同灌溉方式和秸秆还田对水稻生长的影响 [J]. 作物杂志（2）：113-118.

张亚洁，华晶晶，黄银琪，等，2017. 旱、水稻根系生长对水氮响应的研究 [J]. 江苏农业科学，45（11）：55-59.

张瑜芳，张蔚榛，2001. 考虑作物产量和化肥流失时排水设计标准的确定方法 [J]. 水利学报，1（2）：44－49.

赵海洋，2017. 基于SEM的我国特色小镇项目社会效益评价研究［D］. 济南：山东建筑大学.

赵黎明，李明，郑殿峰，等，2014. 水稻光合作用研究进展及其影响因素分析［J］. 北方水稻，44（5）：66－71.

赵雨明，卢桂宾，贺义才，2011. 帅枣系品种枝条果实生长发育动态［J］. 东北林业大学学报，39（9）：45－48.

赵玉国，王新忠，吴沿友，等，2011. 高温胁迫及恢复对水稻叶绿素荧光动力学特性和保护酶活性的影响［J］. 安徽农业科学，39（27）：16487－16488.

赵振东，赵宏伟，邹德堂，等，2015. 分蘖期冷水胁迫对水稻生长及产量的影响［J］. 灌溉排水学报，34（11）：30－34.

赵正宜，迟道才，刘宗琦，等，2000. 水分胁迫对水稻生长发育影响的研究［J］. 沈阳农业大学学报，31（2）：214－217.

甄博，郭相平，陆红飞，等，2017. 分蘖期旱涝交替胁迫对水稻生理指标的影响［J］. 灌溉排水学报，36（5）：36－40.

郑立飞，赵惠燕，刘光祖，2004. Richards模型的推广研究［J］. 西北农林科技大学学报（自然科学版），32（8）：107－110.

郑秋玲，2004. 不同生育阶段干旱胁迫下的水稻产量效应［J］. 河北农业科学，8（3）：83－85.

郑世宗，陈雪，张志剑，2005. 水稻薄露灌溉对水体环境质量影响的研究［J］. 中国农村水利水电（3）：7－8.

郑珍，蔡焕杰，虞连玉，等，2016. CERES－Wheat模型中两种蒸发蒸腾量估算方法比较研究［J］. 农业机械学报，47（8）：179－191.

周广生，靳德明，梅方竹，2003. 水稻孕穗期干旱对籽粒性状的影响［J］. 华中农业大学学报，22（3）：219－222.

周丽丽，2015. 基于CERES模型的华北地区冬小麦—夏玉米周年土壤水分动态模拟及水利用特性分析［D］. 北京：中国农业大学.

周宁，景立权，王云霞，等，2017. 开放式空气中CO_2浓度和温度增高对水稻叶片叶绿素含量和SPAD值的动态影响［J］. 中国水稻科学，31（5）：524－532.

朱成立，郭相平，刘敏昊，等，2015. 水稻沟田协同控制灌排模式的节水减污效应［J］. 农业工程学报，32（3）：86－91.

朱红艳，2014. 干旱地域地下水浅埋区土壤水分变化规律研究［D］. 咸阳：西北农林科技大学.

朱建强，李方敏，张文英，等，2001. 旱作物涝渍排水研究动态分析［J］. 灌溉排水，20（1）：39－42.

朱珉仁，2002. Gompertz 模型和 Logistic 模型的拟合 [J]. 数学的实践与认识，32 (5)：705 - 709.

朱士江，孙爱华，张忠学，2009. 三江平原不同灌溉模式水稻需水规律及水分利用效率试验研究 [J]. 节水灌溉 (11)：12 - 14.

DB32/T 2950—2016. 江苏省水稻节水灌溉技术规范 [S].

SL 4—2013. 农田排水工程技术规范 [S].

Ahmad S, Ziaulhaq M, Halisa S, et al, 2008. Water and radiation use efficiencies of transplanted rice (Oryza Sativa L.) at different plant densities and irrigation regimes [J]. Pakistan Journal of Botany, 40 (1): 199 - 209.

Amiri E, Rezaei M, Bannayan M, et al, 2013. Calibration and evaluation of CERES - Rice Model under different nitrogen and water management options in semi - mediterranean climate condition [J]. Communications in Soil Science & Plant Analysis, 44 (12): 1814 - 1830.

Basso B, Liu L and Ritchie J, 2016. A Comprehensive review of the CERES - Wheat, - Maize and - Rice Models' performances [J]. Advances in Agronomy, 136 (1): 27 - 35.

Belder P, Bouman B A M, Cabangon R, et al, 2004. Effect of water - saving irrigation on rice yield and water use in typical lowland conditions in Asia [J]. Agricultural Water Management, 65 (3): 193 - 210.

Beven K and Binley A, 1992. The future of distributed models: model calibration and uncertainty prediction [J]. Hydrological Processes, 6 (2): 279 - 298.

Bohnert H, Nelson D and Jensen R, 1995. Adaptations to environmental stress [J]. Plant Cell, 7 (1): 1099 - 1111.

Bouman B A M and van Laar H H, 2006. Description and evaluation of the rice growth model ORYZA2000 under nitrogen - limited conditions [J]. Agricultural Systems, 87 (3): 249 - 273.

Bray E A, 1997. Plant responses to water deficit [J]. Trends in Plant Science, 2 (97): 48 - 54.

Chen Y, Yuan L P, Wang X H, et al, 2007. Relationship between grain yield and leaf photosynthetic rate in super hybrid rice [J]. Journal of Plant Physiology & Molecular Biology, 33 (3): 235.

Cheyglinted S, Ranamukhaarachchi S L and Singh G, 2001. Assessment of the CERES - Rice model for rice production in the Central Plain of Thailand [J]. The Journal of Agricultural Science, 137 (3): 289 - 298.

Colmer T D and Pedersen O, 2008. Oxygen dynamics in submerged rice (Oryza sativa) [J]. New Phytologist, 178 (2): 326 - 334.

Colmer T D, Armstrong W, Greenway H, et al, 2014. Physiological mechanisms of flooding tolerance in rice: transient complete submergence and prolonged standing water [M]. Springer Berlin Heidelberg.

Das K K, Sarkar R K and Ismail A M, 2005. Elongation ability and non-structural carbohydrate levels in relation to submergence tolerance in rice [J]. Plant Science, 168 (1): 131-136.

De Wit C T and Brouwer R, 1971. A dynamic model of plant and crop growth [J]. Potential Crop Production A Case Study, 1 (1): 117-142.

Debabrata P and Kumar S R, 2011. Improvement of photosynthesis by Sub1QTL in rice under submergence: probed by chlorophyll fluorescence OJIP transients [J]. 7 (3): 250-259.

Deka R L, Hussain R, K. K. Singh V U M R, et al, 2016. Rice phenology and growth simulation using CERES-Rice model under the agro-climate of upper Brahmaputra valley of Assam [J]. Mausam, 67 (3): 591-598.

Dordas C, 2012. Variation in dry matter and nitrogen accumulation and remobilization in barley as affected by fertilization, cultivar, and source-sink relations [J]. European Journal of Agronomy, 37 (1): 31-42.

El-Sharkawy M A, 2011. Overview: Early history of crop growth and photosynthesis modeling [J]. Biosystems, 103 (2): 205-211.

Evans R O, Skaggs R W and Gilliam J W, 1995. Controlled versus conventional drainage effects on water quality [J]. Journal of Irrigation and Drainage Engineering, 121 (4): 271-276.

Gao S K, Yu S E, Shao G C, et al, 2016. Effects of controlled irrigation and drainage on nitrogen and phosphorus concentrations in paddy water [J]. Journal of Chemistry (1): 1-9.

Giuliani R, Koteyeva N, Voznesenskaya E, et al, 2013. Coordination of leaf photosynthesis, transpiration, and structural traits in rice and wild relatives (Genus Oryza) [J]. Plant Physiology, 162 (3): 1632-1651.

Griffiths H and Parry M A J, 2002. Plant Responses to Water Stress [J]. Annals of Botany, 89 (7): 801-802.

Haefele S M, Nelson A and Hijmans R J, 2014. Soil quality and constraints in global rice production [J]. Geoderma, 235 (2014): 250-259.

Hayes J T, O'Rourke P A, Terjung W H, et al, 1982. Yield: a numerical crop yield model of irrigated and rainfed agriculture [J]. Climatology, 35 (2): 1-10.

He J, Dukes M D, Graham W D, et al., 2009. Applying GLUE for estimating CERES-Maize genetic and soil parameters for sweet corn production [J]. Transactions of the ASA-

BE, 52 (6): 1907-1921.

He J, Jones J W, Graham W D, et al, 2010. Influence of likelihood function choice for estimating crop model parameters using the generalized likelihood uncertainty estimation method [J]. Agricultural Systems, 103 (5): 256-264.

Hirano T, Koshimura H, Uchida N, et al, 1995. Growth and distribution of photoassimilates in floating rice under submergence [J]. Japanese Journal of Tropical Agriculture, 39 (3): 177-183.

Hoang L, Ngoc T A and Maskey S, 2016. A robust parameter approach for estimating CERES-Rice model parameters for the Vietnam Mekong Delta [J]. Field Crops Research, 196 (16): 98-111.

Holmström K, 1997. Engineering plant adaptation to water-stress [J]. Acta Universtatis Agriculturae Sueciae Agraria, 84 (2): 49-62.

Hu X, Shao X, Li Y, et al, 2012. Effects of controlled and mid-gathering irrigation mode of paddy rice on the pollutants emission and reduction [J]. Energy Procedia, 16 (12): 907-914.

Irfan M, Hayat S, Hayat Q, et al, 2010. Physiological and biochemical changes in plants under waterlogging [J]. Protoplasma, 241 (1): 3-17.

Jain M, Nijhawan A, Arora R, et al, 2007. F-Box Proteins in Rice. Genome-wide analysis, classification, temporal and spatial gene expression during panicle and seed development, and regulation by light and abiotic stress [J]. Plant Physiology, 143 (4): 1467-1483.

Jensen M E, 1974. Consumptive use of water and irrigation water requirements [J]. New York Ny American Society of Civil Engineers, 20 (1): 215-220.

Kashyapi A, Das H P, Hage A P, et al, 2009. A study on parameters controlling water requirement of rice (Oryza sativa L.) at various phenophases in different agroclimatic zones [J]. Mausam, 60 (2): 211-218.

Kato Y and Okami M, 2010. Root growth dynamics and stomatal behaviour of rice (Oryza sativa L.) grown under aerobic and flooded conditions [J]. Field Crops Research, 117 (1): 9-17.

Khepar S D, Yadav A K, Sondhi S K, et al, 2000. Water balance model for paddy fields under intermittent irrigation practices [J]. Irrigation Science, 19 (4): 199-208.

Liao C, Peng Y, Ma W, et al, 2012. Proteomic analysis revealed nitrogen-mediated metabolic, developmental, and hormonal regulation of maize (Zea mays L.) ear growth. [J]. Journal of Experimental Botany, 63 (14): 5275-5288.

Liu F, Jensen C R and Andersen M N, 2004. Drought stress effect on carbohydrate concentration in soybean leaves and pods during early reproductive development: its implication in altering pod set. [J]. Field Crops Research, 86 (1): 1-13.

Liu M, Lin S, Dannenmann M, et al, 2013. Do water-saving ground cover rice production systems increase grain yields at regional scales [J]. Field Crops Research, 150 (13): 19-28.

Lu B, Shao G, Yu S E, et al, 2016. The effects of controlled drainage on n concentration and loss in paddy field [J]. Journal of Chemistry (1): 1-9.

Mahmood R, 1998. Air temperature variations and rice productivity in Bangladesh: a comparative study of the performance of the YIELD and the CERES-Rice models [J]. Ecological Modelling, 106 (2): 201-212.

Mann C J and Wetzel R G, 1999. Photosynthesis and stomatal conductance of Juncus effusus in a temperate wetland ecosystem [J]. Aquatic Botany, 63 (2): 127-144.

Moratiel R and Martınez - Cob A, 2013. Evapoytranspiration and crop coefficient of rice (Oriza sativa L.) under sprinkler irrigation in a semi-arid climate determined by the surface renewal method [J]. Irrigation science, 31 (1): 411-422.

Nishiuchi S, Yamauchi T, Takahashi H, et al, 2012. Mechanisms for coping with submergence and waterlogging in rice [J]. Rice, 5 (1): 2.

Oad R and Azim R, 2002. Irrigation policy reforms for rice cultivation in Egypt [J]. Irrigation and Drainage Systems, 16 (1): 15-32.

Ohe M, Okita N and Daimon H, 2010. Effects of deep-flooding irrigation on growth, canopy structure and panicle weight yield under different planting patterns in rice [J]. Plant Production Science, 13 (2): 193-198.

Penning D V F W, Jansen D M, Berge H F M T, et al, 1989. Simulation of ecophysiological processes of growth in several annual crops [M]. Wageningen, The Netherlands: Pudoc.

Phukan U J, Mishra S and Shukla R K, 2016. Waterlogging and submergence stress: affects and acclimation [J]. Critical reviews in biotechnology, 36 (5): 956-966.

Pohlert T, 2004. Use of empirical global radiation models for maize growth simulation [J]. Agricultural and Forest Meteorology, 126 (1-2): 47-58.

Qu H, Tao H, Tao Y, et al, 2012. Ground cover rice production system increases yield and nitrogen recovery efficiency [J]. Agronomy Journal, 104 (5): 1399-1407.

Rang Z W, Jagadish S V K, Zhou Q M, et al, 2011. Effect of high temperature and water stress on pollen germination and spikelet fertility in rice [J]. Environmental and Experimental Botany, 70 (1): 58-65.

Rashid M A, Kabir W, Khan L R, et al, 2009. Estimation of water loss from irrigated rice fields [J]. Saarc Journal of Agriculture, 7 (1): 29-42.

R. Alberto M C, Wassmann R, Hirano T, et al, 2011. Comparisons of energy balance and evapotranspiration between flooded and aerobic rice fields in the Philippines [J]. Agricultural Water Management, 98 (9): 1417-1430.

Sarkar R and Kar S, 2008. Sequence analysis of DSSAT to select optimum strategy of crop residue and nitrogen for sustainable rice - wheat rotation [J]. Agronomy Journal, 100 (1): 87.

Serraj R, McNally K L, Slamet - Loedin I, et al, 2011. Drought resistance improvement in rice: an integrated genetic and resource management strategy [J]. Plant Production Science, 14 (1): 1-14.

Setiyono T, Quicho E, Gatti L, et al, 2018. Spatial rice yield estimation based on MODIS and sentinel - 1SAR data and ORYZA crop growth model [J]. Remote Sensing, 10 (2): 293.

Setter T L, Laureles E V and Mazaredo A M, 1997. Lodging reduces yield of rice by self-shading and reductions in canopy photosynthesis [J]. Field Crops Research, 49 (2): 95-106.

Shao G C, Cui J T, Yu S E, et al, 2015. Impacts of controlled irrigation and drainage on the yield and physiological attributes of rice [J]. Agricultural Water Management, 149 (15): 156-165.

Shao G C, Deng S, Liu N, et al, 2014. Effects of controlled irrigation and drainage on growth, grain yield and water use in paddy rice [J]. European Journal of Agronomy, 53 (14): 1-9.

Shao G, Wang M, Yu S, et al, 2015. Potential of controlled irrigation and drainage for reducing nitrogen emission from rice paddies in southern China [J]. Journal of Chemistry (1): 1-9.

Sharma A R and Ghosh A, 1999. Submergence tolerance and yield performance of lowland rice as affected by agronomic management practices in eastern India [J]. Field Crops Research, 63 (3): 187-198.

Shi G, Yang L, Wang Y, et al, 2009. Impact of elevated ozone concentration on yield formation of four chinese rice cultivars under fully open - air field conditions [J]. The Society of Agricultural Meteorology of Japan, 8 (3): 178-184.

Shukla N, Awasthi R P, Rawat L, et al, 2012. Biochemical and physiological responses of rice (Oryza sativa L.) as influenced by Trichoderma harzianum under drought stress [J]. Plant Physiology and Biochemistry, 54 (12): 78-88.

Singh H P, Singh B B and Ram P C, 2001. Submergence tolerance of rainfed lowland rice:

search for physiological marker traits [J]. Journal of Plant Physiology, 158 (7): 883 - 889.

Singh P K, Singh K K, Bhan S C, et al, 2017. Impact of projected climate change on rice (Oryza sativa L.) yield using CERES - rice model in different agroclimatic zones of India [J]. Current Science, 112 (1): 108 - 115.

Thomas A L, 2005. Aerenchyma Formation and Recovery from Hypoxia of the Flooded Root System of Nodulated Soybean [J]. Annals of Botany, 96 (7): 1191 - 1198.

Uddling J, Gelang - Alfredsson J, Karlsson P E, et al, 2008. Source—sink balance of wheat determines responsiveness of grain production to increased [CO_2] and water supply [J]. Agriculture, Ecosystems & Environment, 127 (3 - 4): 215 - 222.

Vamerali T, Guarise M, Ganis A, et al, 2009. Effects of water and nitrogen management on fibrous root distribution and turnover in sugar beet [J]. European Journal of Agronomy, 31 (2): 69 - 76.

Van D S D, Zhou Z, Prinsen E, et al, 2001. A comparative molecular - physiological study of submergence response in lowland and deepwater rice. [J]. Plant Physiology, 125 (2): 955 - 968.

Van Ittersum M K, Leffelaar P A, Van Keulen H, et al, 2002. Developments in modelling crop growth, cropping systems and production systems in the Wageningen School [J]. Netherlands Journal of Agricultural Science, 5 (2): 239 - 247.

Vera C L, Duguid S D, Fox S L, et al, 2012. Short Communication: comparative effect of lodging on seed yield of flax and wheat [J]. Canadian Journal of Plant Science, 92 (1): 39 - 43.

Wei H, Meng T, Li X, et al, 2018. Sink - source relationship during rice grain filling is associated with grain nitrogen concentration [J]. Field Crops Research, 215 (18): 23 - 38.

Wesström I, Messing I, Linnér H, et al, 2001. Controlled drainage—effects on drain outflow and water quality [J]. Agricultural Water Management, 47 (2): 85 - 100.

Willardson L S, Meek B D, Grass L B, et al, 1972. Nitrate reduction with submerged drains [J]. American Society of Agricultural and Biological Engineers, 1 (2): 84 - 85.

Williams J R, Jones C A and Dyke P T, 1984. A modeling approach to determining the relationship between erosion and soil productivity [J]. Transactions of the ASAE, 27 (1): 129 - 144.

Williams M R, King K W and Fausey N R, 2015. Drainage water management effects on tile discharge and water quality [J]. Agricultural Water Management, 148 (5): 43 - 51.

Wilson B N, 2000. History of drainage research at the University of Minnesota. In University of Minnesota and Iowa State University Drainage Research Forum, Saint Paul, Minnesota.

Wilson J, 1971. Photosynthesis and energy conversion [M]. Potential crop production educational books.

Won J G, Choi J S, Lee S P, et al, 2005. Water saving by shallow intermittent irrigation and growth of rice [J]. Plant Production Science, 8 (4): 487 - 492.

Wu Y, Huang F, Jia Z, et al, 2017. Response of soil water, temperature, and maize (Zea may L.) production to different plastic film mulching patterns in semi - arid areas of northwest China [J]. Soil and Tillage Research, 166 (7): 113 - 121.

Xiong W, Holman I, Conway D, et al, 2008. A crop model cross calibration for use in regional climate impacts studies [J]. Ecological Modelling, 213 (3 - 4): 365 - 380.

Ye Y S, Liang X Q, Chen Y X, et al, 2013. Alternate wetting and drying irrigation and controlled - release nitrogen fertilizer in late - season rice. Effects on dry matter accumulation, yield, water and nitrogen use [J]. Field Crops Research, 144 (13): 212 - 224.

Zhou Y, Lam H M and Zhang J, 2007. Inhibition of photosynthesis and energy dissipation induced by water and high light stresses in rice [J]. Journal of Experimental Botany, 58 (5): 1207 - 1217.

Zhu C, Ziska L H, Sakai H, et al, 2013. Vulnerability of lodging risk to elevated CO_2 and increased soil temperature differs between rice cultivars [J]. European Journal of Agronomy, 46 (3): 20 - 24.

图书在版编目（CIP）数据

控制灌排条件下水稻旱涝交替胁迫效应及生长模拟 / 高世凯著. —北京：中国农业出版社，2023.1
ISBN 978-7-109-29916-0

Ⅰ.①控… Ⅱ.①高… Ⅲ.①水稻－灌溉管理－研究 Ⅳ.①S511.071

中国版本图书馆 CIP 数据核字（2022）第 158105 号

中国农业出版社出版
地址：北京市朝阳区麦子店街 18 号楼
邮编：100125
责任编辑：王秀田　　文字编辑：张楚翘
版式设计：杜　然　　责任校对：吴丽婷
印刷：北京中兴印刷有限公司
版次：2023 年 1 月第 1 版
印次：2023 年 1 月北京第 1 次印刷
发行：新华书店北京发行所
开本：700mm×1000mm　1/16
印张：9.75
字数：210 千字
定价：68.00 元
